朝倉 電気電子工学大系

4

ナノスケール・トランジスタの物理

名取研二
【著】

朝倉書店

まえがき

古典的なMOSトランジスタの動作理論は，1970年代までに見事な理論体系が完成していた．しかし，この頃からムーアの法則に沿った集積回路の高集積化が推し進められ，これに伴ってMOSトランジスタの果てしなき微細化に向けた研究開発が進んでいった．デバイス・サイズは着実に小さくなり，1990年頃にはいわゆるナノスケールのデバイスが望めるようになった．このサイズのトランジスタにおいては，熱平衡からのずれの小さいとする古典的なトランジスタ理論の適用が困難となり，その特性の理解には新しいキャリヤ輸送の考え方が必要となる．しかし，非平衡性の強い系に精度を求めるならば，難解でかつ見通しの悪い議論が避けられない．一方，デバイスの理論では，やや大雑把でも物理的なイメージが明確で，パラメタへの依存性などがわかりやすい議論が有用であることが多い．いわゆるコンパクト・モデルといわれる分野である．本書は，そのような立場に立ってランダウアー・アプローチに基づくMOSトランジスタの動作理論が展開されている．

本書を読み進めるにあたって，必要とされる予備知識について触れておきたい．基本的には半導体デバイスの動作機構の理解を目指しており，基礎となる半導体デバイス，半導体物性の知識が必要である．その基礎として，固体物理学や電磁気学，統計力学の知識や理解も必須であるが，大学学部レベルで十分であろう．量子力学については，固体物理学や半導体物性を理解するための基礎知識として以外に，極微細系を支配する理論としてその基礎的な側面の理解が望ましい．本書の理論的な展開を追うためにはある程度の数学的能力が求められるが，基本的には微分・積分を使いこなせれば充分である．

本書に書かれた著者自身の仕事に関して，何人かの方々に謝意を表しておきたい．堀池靖浩氏には折に触れていろいろな局面で励ましとご支援をいただいた．私の仕事が達成できたのも氏のご支援によるところが大きい．安田幸夫氏にも多くの励ましをいただいた．岩井洋氏には，この数年，東京工業大学に研究の場をご用意いただき，そこで得られた結果も多くある．M. Lundstrom 氏はこの分野の第一人者であるが，彼との間に直接の交流が多くあったわけではない．しかし，彼が著者の仕事をきちんと評価してくれたことが，著者の仕事の国際的な評価につながったといえる．妻の名取晃子には，長い研究生活を通じて掛け替えのない励ましや支援をもらった．幾重に感謝しても足りない．

生駒英明氏には本シリーズの執筆の機会を紹介していただき，それが今日の本書の出版につながった．朝倉書店編集部には，著者の遅筆を辛抱強く待っていただいてやっと今回の完成に漕ぎ着けることができた．

この場を借りて，お世話になった諸氏に心から感謝を申し上げておきたい．

2018 年 2 月

名 取 研 二

目　　　次

1　はじめに……………………………………………………………**1**

2　半導体のキャリヤ輸送………………………………………………**8**

2.1　従来の輸送理論……………………………………………………8

2.1.1　ボルツマン輸送方程式と移動度………………………………8

2.1.2　速度飽和………………………………………………………17

2.2　微細構造の輸送理論………………………………………………18

2.2.1　ランダウアーの公式……………………………………………19

2.2.2　微細な半導体素子の電流………………………………………24

3　フラックスを用いたキャリヤ輸送の解析……………………………**30**

3.1　完全にエネルギー緩和するキャリヤ輸送…………………………31

3.2　弾性散乱系のキャリヤ輸送…………………………………………38

3.3　弾性散乱に光学フォノン散乱を加えた系のキャリヤ輸送…………50

4　古典的な MOSFET の理論………………………………………**60**

4.1　MOS 接 合……………………………………………………………60

4.1.1　MOS 反転層……………………………………………………60

4.1.2　エネルギー・レベルの量子化……………………………………66

4.2　MOSFET……………………………………………………………70

4.2.1 ドレイン電流モデル………………………………………………70

4.2.2　高電界の電流のモデル……75
4.2.3　MOSFET のスケーリング則……78

5　バリスティックな MOSFET の理論……82
5.1　2次元プラナー MOSFET……82
5.1.1　ドレイン電流……82
5.1.2　注入速度……95
5.1.3　キャリヤ統計とドレイン電流……101
5.1.4　バリスティック電流と実測値……105
5.2　3次元立体構造 MOSFET……108

6　準バリスティックな MOSFET への拡張……116
6.1　Lundstrom の式……117
6.2　準バリスティック MOSFET のコンパクト・モデル……122
6.2.1　プラナー準バリスティック MOSFET……123
6.2.2　3次元立体構造の準バリスティック MOSFET……128
6.2.3　後方散乱係数……131
6.2.4　低電界移動度……136

7　微細系の MOS キャパシタンス……145
7.1　キャパシタンス成分への分割……145
7.2　状態密度に由来するキャパシタンス……149
7.3　反転層の厚さのキャパシタンス……150
7.4　電界の遮蔽距離のキャパシタンス……152

8　MOS トランジスタの微細化限界……155

参考文献……164
索　　引……169

記　号　表

記　号	記　述
B	1次元のキャリヤ輸送において，弾性散乱による後方への散乱確率
b	バリスティック電流度，バリスティック電流に比べてどの程度の電流が流れるかを示す指標
C_{D}，C_{Q}	単位面積当たりの，状態密度のキャパシタンス
C_{d}，$\bar{C}_{\mathrm{d}}$	単位面積当たりの，空乏層のキャパシタンス
C_{ES}	単位面積当たりの，静電遮蔽距離のキャパシタンス
C_{eff}	単位面積当たりの，ゲートの有効キャパシタンス
C_{inv}	単位面積当たりの，反転層の厚さのキャパシタンス
C_{ox}	単位面積当たりの，酸化膜のキャパシタンス
D	1次元のキャリヤ輸送における光学フォノン放出の確率
D	拡散定数
$D_i(E)$，$D_1(E)$，$D_3(E)$	様々な系の状態密度．1，3は次元数，iはサブバンド番号または反転層を表す添え字
d	空乏層の厚さ
$\Delta t^{E}_{x_1 \to x_2}$	運動エネルギーEを持つキャリヤがx_1からx_2まで進むのに要する時間
E_{C}	伝導帯の下端のエネルギー・レベル
E_{g}	エネルギー・ギャップ
E_{i}	半導体の真性フェルミ準位
E_{f}	熱平衡にあるキャリヤのフェルミ準位
E_{V}	価電子帯の上端のエネルギー・レベル
E，$E(\mathbf{k})$，$E(k_x, k_y, k_z)$	キャリヤのエネルギー，$E-k$関係

記 号	記 述
ε_{s}	シリコンの誘電率
$\varepsilon_{\mathrm{ox}}$	シリコン酸化膜の誘電率
$\mathbf{F}, F, F_{\mathrm{ox}}, F_{\mathrm{c}}$	電界，電界の大きさ
$F_n(y)$	n 次のフェルミ・ディラック積分
$F(x)$	一定のエネルギー・レベルにあって，ソースからドレインに向かうキャリヤの x 点におけるフラックス
$\mathbf{f}, f$	外力
$f(\mathbf{r}, \mathbf{k})$	位相空間内のキャリヤ分布関数
$f^0(\mathbf{r}, \mathbf{k})$	熱平衡の分布関数
$f(E, \mu)$	フェルミ分布関数
ϕ_{m}	金属の仕事関数
ϕ_{ox}	酸化膜の電位差
$G(x)$	一定のエネルギー・レベルにあって，ドレインからソースに向かうキャリヤの x 点におけるフラックス
H	ハミルトニアン
$h, \hbar$	プランク定数，$\hbar \equiv h/(2\pi)$
$\hbar\omega_{\mathrm{o}}$	シリコンの光学フォノンのエネルギー
I	電流，ドレイン電流
I_{sat}	MOSFET の飽和電流
$\mathbf{i}$	電流密度ベクトル
J	ソースからドレインへ流れる電流の電流密度
$j_+(x)$	x 点における，ソースからドレインへ向かう速度を持つキャリヤのフラックス
$j_-(x)$	x 点における，ドレインからソースへ向かう速度を持つキャリヤのフラックス
$\mathbf{k}, k$	波動ベクトル，波数
k_{B}	ボルツマン定数
L	MOSFET のチャネル長，試料のサイズ
λ	キャリヤの平均自由行程
λ_{TF}	トーマス・フェルミの遮蔽距離
m	キャリヤの有効質量
m_0	自由電子質量

記　号	記　述
m_ℓ	シリコンの伝導帯のバレーの，回転楕円体の長軸方向の有効質量．$0.92\,m_0$ に等しい
m_t	シリコンの伝導帯のバレーの，回転楕円体の短軸方向の有効質量．$0.19\,m_0$ に等しい
m_x, m_y, m_z	それぞれ，x 方向，y 方向，z 方向の有効質量
$\mu(\mathbf{r})$, μ	準平衡の系のフェルミ準位，化学ポテンシャル
μ	移動度
μ_{bal}	バリスティック移動度
μ_{long}	長チャネル MOSFET の移動度
N_{a}	p 型半導体基板のアクセプタ不純物濃度
n, $n(x)$, n_0	キャリヤ密度
$\mathbf{p}$	運動量
Q_{i}	単位表面積当たりの反転層電荷量
Q_{d}	単位表面積当たりの空乏層電荷量
q	素電荷
R	後方散乱係数，ソースからチャネルへ注入されたキャリヤ・フラックスの，ソースへ向かっての後方散乱確率
r	チャネルからドレインに注入されたキャリヤ・フラックスの，チャネルに向かっての後方散乱確率
r	円筒の半径
$\mathbf{r}$, x, y, z	キャリヤの位置座標
$\rho(z)$	電荷密度分布
S	断面積
σ	電気伝導度
T	絶対温度
$T_i(E)$, $\bar{T}$, T	キャリヤの透過確率
$\tilde{T}$	ソースからドレインへのキャリヤの透過確率
t	時間
t_{ox}	酸化膜厚
τ, τ_{c}	キャリヤの散乱時間
V	印加電圧
V_{GS}	ソース・ゲート間の印加電圧

記 号	記 述
V_{DS}	ソース・ドレイン間の印加電圧
V_{BS}	ソース・基板間の印加電圧
V_{t}	MOSFET の閾値電圧
V_{FB}	フラット・バンド電圧
V_{G}	ゲート電圧
V_{Dsat}	MOSFET のピンチオフ電圧，飽和特性に移行する境のドレイン電圧
Vs	Virtual source
$\mathbf{v}$, v_x, v_y, v_z	キャリヤの速度，座標軸方向の速度成分
v_{sat}	キャリヤの飽和速度
v_{inj}	注入速度
χ	半導体の電子親和力
$\psi(x, y, z)$, $\psi(r, \theta, x)$, $\chi_{jn_\theta}(r)$, $\varphi_x(x)$, $\varphi_{yz}(y, z)$, $\varphi_{n_\theta}(z)$	波動関数
$q\psi_{\mathrm{B}}$	p 型シリコンのフェルミ・レベルと真性フェルミ・レベルとのエネルギー差
ψ_{S}	表面ポテンシャル，MOS 界面のバンドの曲がり

1
はじめに

本書はナノスケールのMOSトランジスタの動作特性を解説している．MOSトランジスタは，正しくは金属（Metal）・酸化物（Oxide）・半導体（Semiconductor）電界効果トランジスタ（Field effect transistor：FET，略してMOSFET）と呼ばれる半導体素子である．回路記号は図1.1のように表され，ソース，ドレイン，ゲートの3種類の端子を有する．ソースとドレインの二つの端子間に電圧を印加すると，それに応じて端子間に電流が流れるが，ゲート端子に印加したゲート電圧を変えることによりこの電流の大きさを制御することができる．例えば，ゲート電圧を電源電圧と接地電圧との間で大きく振ることにより，ソース・ドレイン間が低抵抗で大きな電流が流れる状態から，逆に高抵抗でほとんど電流の流れない状態まで変化させることができる．このような低抵抗と高抵抗の二つの状態をMOSトランジスタのオンとオフというデジタルな二つの状態と対応させて，さらにゲート電圧による制御を活用すれば，MOSトランジスタにより（1, 0）の2進法を用いたデジタル信号回路を構成することができる．MOSトランジスタはこの機能により，現代社会を支える

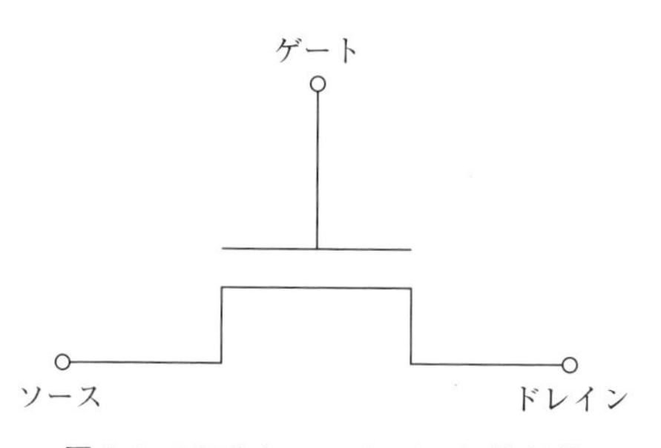

図1.1 MOSトランジスタの回路記号

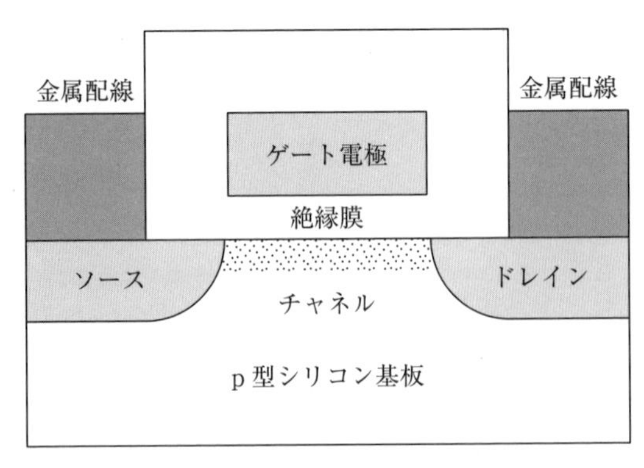

図 1.2　MOS トランジスタの断面構造（n チャネル・シリコン MOSFET）

情報技術の中核的なハードウェアである高集積な LSI の基本構成要素として広く用いられている．一方，MOS トランジスタに印加されるゲート電圧を小振幅で振らせると，対応する電流値も比例して小振幅で変化する．これに適当な出力回路を用いると，出力信号の変化量をゲート端子に入力する元の電圧信号の振幅よりも大きくすることができる．つまり，この素子に電気信号を通すことにより，信号を増幅することができる．このような信号の増幅機能は回路の利得と呼ばれ，小振幅のアナログ信号の場合だけでなく，上記のデジタル信号の処理においても極めて重要な役割をはたす．大きな回路系の中で複雑な信号処理を長く続けていくと，オームの法則により流れる電流が熱を発生して信号が減衰し，最終的には情報が失われていく．本来これは熱力学の第二法則に由来する極めて一般的な現象である．回路構成素子の利得は，電源から供給されるエネルギーを用いて回路の熱浴に失われていくエネルギーを補償し，入力される信号を正しく処理して結果を出力する，という回路の基本的な機能を実現する．MOS トランジスタの断面構造の一例を図 1.2 に示す．この場合ソース端子とドレイン端子の電極は，電流を運ぶ電子の溜まりであって p 型半導体のシリコン基板の一部に形成されている．また導体のゲート電極が，半導体基板から絶縁膜で隔てられて配置されている．ゲート電極下の p 型半導体基板部分はチャネル領域と呼ばれ，ゲート電極とチャネル領域とで平行平板型のキャパシター構造を形作っている．ゲート電圧がゼロでキャパシターに電圧が印加されていない場合には，チャネル部分に蓄えられる電荷がないため電子も存在せず，ソース・ドレイン間に電圧が印加されていたとしても電流は流れない．しかし，ゲート電極に一定値以上の正電圧を印加すると，キャパシターに蓄えられる電荷として多量の電子がチャネル領域に誘起され，ソース・ドレイン間に電子からなる連続した導通路が形成されて，ソース・ドレイン間に印加された電圧に応じて電極間に電流が流れる．ゲート電圧の印加によりキャパシター内に電界が形成されて，それを用いて電流のスイッチングを行うことが，電界効果トランジスタという名前の由来である．

MOSトランジスタ（MOSFET）の歴史は，1920年代に登録されたJulius Edgar Lilienfeldの電界効果トランジスタの特許に遡る[5)]．この時代はまだ良質な半導体結晶がなかったため机上の理論だけに止まったが，第2次世界大戦後になると，米国のベル研究所が真空管などとは異なる“固体”で作られた信号増幅作用のある素子の探求に乗り出した．W. Shockleyは半導体中の電子の流れを電界により制御する機構の電界効果素子に集中して，接合型の電界効果トランジスタを発明している．しかし，正しく機能するMOSFET素子の成功には至らなかった．絶縁膜と半導体の界面にはサーフェス・ステートと呼ばれる電子を捕獲するトラップがあって，半導体に誘起された電子をとらえ動けなくするため，流れるべき電流が抑制されるとされていた．一方，同じグループのJ. BardeenとW. Brattainは機構の異なる点接触トランジスタ[6)]の開発に成功した．それはShockleyにより動作の安定した接合トランジスタに改良されて，いわゆるバイポーラ・トランジスタが一足早く実用化に向かって動き出した．MOSトランジスタの最初の試作の成功[7)]は，1960年にA. A. AtallaとD. Kahngによってもたらされた．シリコンとそれを酸化して得られる二酸化シリコンの膜との間の界面にはサーフェス・ステートが極めて少ないことが見出され，シリコン基板を酸化して得られる二酸化シリコンを絶縁膜に用いたMOSFETを作製することにより達成されたものだった．一方この1960年前後の頃に，半導体素子を基板上に多数集積してまとまった機能を持つ回路を実現する集積回路技術が，J. KilbyおよびR. Noyceによって提唱・開発されて，以後急速に発展することになる．MOSトランジスタはバイポーラ・トランジスタに比べて構造が簡単で，いわゆるプレーナー技術に適している．構造の簡単さは試作工程数の少なさを意味して，それは製品製造のコストを低下できることを示す．その意味でMOSトランジスタは集積回路に適しており，その後集積回路の発展と共に大きく飛躍していくこととなった．

10年して1970年には，インテル社が最初のダイナミック・メモリ[8)]の製品を世に送り出している．それはチップと呼ばれる微小のシリコン片の上に10 μmのサイズのMOSトランジスタを約3000個集積して，1キロビットの情報を記憶するメモリ回路であった．演算装置の方も，同じくインテル社が1971年に10 μmのサイズのMOSトランジスタを2300個集積して，4ビットのcpu（central processing unit）を開発した．以降，年を追ってチップ上のトランジスタ数が増え，より高機能の集積回路が開発されて，世界中で急速な情報処理革命の進行を推し進めることとなった．チップ上のトランジスタ数の増加について，1965年にインテル社の創始者のG. Mooreが発表した「Mooreの法則[9)]」がよく知られている．それは，チップ上のトランジスタ数が2年ごとに倍増して指数関数的に増大するというものであった．図1.3はインテル社のcpuにおけるチップ上の素子数の年次変化を示す．きれいにムーアの法則に従っているのがわかる．長期間にわたって指数関数的に増大しており，そのような変化を事前に予測した先見の明には驚嘆する．記憶装置であるダイナ

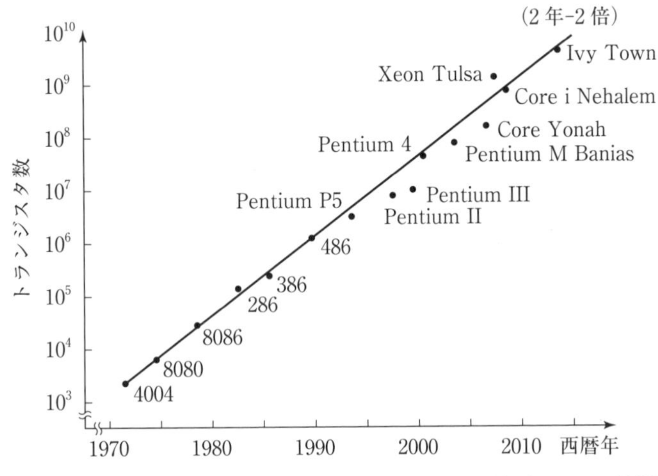

図1.3 インテル社のcpuのチップ上のトランジスタ数（Mooreの法則）

ミック・メモリの初期の発展の場合について，同様な傾向をもう少し詳細にみてみよう．メモリのサイズは16キロビット，64キロビット，256キロビット（世代と呼ばれている）と約3年ごとに4倍の増加率で増大しており，それに応じてチップ上の素子数も同じ増加率で増大してきた．それを実現するためには，世代ごとにトランジスタ・サイズは約70%に縮小し（チップ上の素子面積で50%弱），チップ面積を2倍弱に拡大すればよい．集積回路（大規模集積回路という意味でLSIと呼ばれる）の歴史は，何世代にもわたって素子サイズの微細化に支えられた回路チップの高集積化の歴史であった．その微細化・高集積化のドライブ・フォースは以下の3点といわれる．①高集積化で高機能を実現する．素子レベルでも，微細化により低消費電力化や動作速度の高速化が図れる．②半導体ウエファ（材料となる半導体基板）当たりの試作コストは，化学処理コストなどでありそのサイズが大きく変化しない限り大幅な増加はない．チップ上の素子数が増大すればそれに反比例して素子当たりの製造コストが大きく下がる．この結果，素子数が増えて大幅に高性能化されたLSIを従来とあまり変わらないコストで提供できるようになる．③高信頼性化（すなわち製品の故障率の大幅低減）．例えば回路配線を見てみると，従来の回路装置では構成素子を基板に直接に半田付けして配線を形成していた．しかし，半田付けは特性のバラつきが大きく製品の故障率が高かった．集積回路の製造工程では堆積した金属薄膜を化学処理で成型して，多数の配線の接続接点を一括処理して成型する．その特性は極めて均一でごく低い故障率を実現できる．このため，大規模な回路装置に含まれるおびただしい回路接点の動作を保証できるようになった．

LSIの発展・進歩は素子の系統的な微細化によっており，その微細化方法の確立は重要技術であった．素子の幾何学的なサイズの縮小は，集積回路をフォトリソグラフィという手法を用いて作製することによっている．レンズで素子の形状を縮小投影し，光に反応する化学物質（フォトレジスト）を用い化学処理してパターンを形成する．トランジスタ素子の構造をどのように微細化し，その特性がどのように変化するかに関しては，R. Dennardが1974年にMOSFETのスケーリング則というものを発表した[10]．それはMOSトランジスタの構造パラメタと特性との関係に次元解析の手法を応用しており，その後の基本的な微細化の流れはそれに従って進められてきた．MOS トランジスタの構造パラメタを一定の比に従って縮小したとき，素子の電流や消費電力，動作速度などがどのような比に従って変化するかを与えている．

当初の数世代の間は，素子の微細化・回路の高集積化の技術開発は，個々の製造企業が競い合いそれぞれに力を注いで進めていた．しかし，半導体の技術開発の負担は年を追って巨大化し，20 世紀の末には技術的にも経済的にも個々の企業の負担能力を超えるようになってきた．このような状況を鑑みて，各企業の協力の下に国際的な委員会が組織されて，1998 年ごろから標準化された技術予測に基づいて「国際半導体技術ロードマップ（International Technology Roadmap of Semiconductors : ITRS）[11]」が作られるようになった．素子のサイズがディープ・サブミクロンの領域に入ると試作技術も困難を極めるようになってきて，比例縮小則に従ってその後で最適化する手法では対応できなくなってきた．構成材料や素子構造などすべてを一から見直しつつ，全く新しい技術の開発も含めてより高性能な LSI への前進が図られている．最近のデバイスの微細化レベルをみると，2014 年の IEDM（IEEE International Electron Device Meeting, 半導体に関する国際会議）にはサイズが 16 nm のトランジスタが発表されている[12]．10 μm のトランジスタの時代からみると，1/625 に縮小化されている．

当初の MOS トランジスタにおいては，古典的なキャリヤ輸送の理論に基づいて素子特性が理解されていた．素子中を走る電子やホールなどの電流を運ぶ「キャリヤ」は，絶え間なくフォノンなどの散乱を受けて進行が阻害され，キャリヤ散乱の作用が運動に対する摩擦力のように働く．古典理論に従ってキャリヤの輸送特性はいわゆるドリフト・拡散理論により記述されてきた．しかし，最近は素子がナノスケールにまで微細化されて，素子サイズがキャリヤの平均自由行程やド・ブロイ波長に比肩する領域に入ったため，メソスコピック系の物理やバリスティック輸送の効果を考慮しなければならなくなってきた．従来のトランジスタの動作理論では間に合わなくなり，新しい動作機構の導入が必要とされてきている．本書の目的は，このような状況を鑑みて，トランジスタ特性の理解に，微細系の物理の立場に立ったナノスケール素子の動作理論を提供することである．

第２章および３章ではキャリヤの輸送理論を解説し，ナノスケールのサイズに微細化された系におけるキャリヤの動作を調べる．第４章，５章および６章ではトランジスタの動作を考察し，キャリヤの輸送理論を適用して，ナノスケールのトランジスタの動作特性がどのようになるかをみる．第７章ではナノスケールに微細化されたトランジスタのキャパシタンスを考察する．第８章ではトランジスタの微細化限界について，いくつかの側面を簡単に解説する．

2
半導体のキャリヤ輸送

トランジスタは，素子を流れる電流のコントロールを意図した半導体デバイスである．電流は，キャリヤと呼ばれる電荷を帯びた粒子によって半導体結晶中を運ばれる．キャリヤは，負の電荷を帯びた電子と正の電荷を帯びたホールとがあるが，いずれも単純な「独立粒子」のイメージではなく，半導体の結晶原子との相互作用を取り込んだ「数式上の概念」とみた方が正しい．しかし，手続き上は独立粒子のように扱える便利な概念である．本章では，そのキャリヤが半導体中を流れる「キャリヤ輸送」の特性を，まず明らかにしておく．その特性は，サイズの大きな従来素子の場合とナノスケール素子の場合とでは異なっており，その違いを明確にして議論に入る必要がある．

2.1 従来の輸送理論

2.1.1 ボルツマン輸送方程式と移動度

トランジスタなどの輸送素子の動作は，いわゆる電子やホールなどのキャリヤが素子内を電極から電極へ輸送されることにより実現される．半導体内のキャリヤ輸送を正しく把握しておくことが，素子動作を正しく理解するために不可欠である．キャリヤ輸送の古典的な理論はボルツマンの輸送方程式[2,13]により与えられる．

半導体内のキャリヤの個々の運動状態はその位置 $\mathbf{r}$ と運動量（ここではごく微細な系を記述する量子力学との対応を鑑みて，運動量 $\mathbf{p}$ をプランク定数 $\hbar$ で割った波動ベクトル $\mathbf{k}$ で表すことにする）により決められる．多数のキャリヤを扱うので，直交座標 $\mathbf{r}$ と同じく $\mathbf{k}$ とからなる 6 次元空間（統計力学にいう

μ空間）を考えて，その体積要素 $d\mathbf{r}d\mathbf{k}$（$dxdydzdk_xdk_ydk_z$ を便宜上このように表す）内に含まれるキャリヤの数が体積要素に比例して $f(\mathbf{r}, \mathbf{k})d\mathbf{r}d\mathbf{k}\times 2/(2\pi)^3$ と表されるように，分布関数 $f(\mathbf{r}, \mathbf{k})$ を定義する．$2/(2\pi)^3$ は位相空間内のキャリヤの状態密度で，$d\mathbf{r}d\mathbf{k}=1$ の体積内に含まれる状態の数を与える．ちなみに分子の2は量子力学におけるスピンの縮重に由来する．このとき $f(\mathbf{r}, \mathbf{k})$ は $(\mathbf{r}, \mathbf{k})$ の点の状態をキャリヤが占めている確率を表す．輸送特性は多数のキャリヤの運動の平均値により与えられるので，分布関数がわかれば輸送特性を算出することができる．$f(\mathbf{r}, \mathbf{k})$ を求めるための微分方程式を導こう．

はじめにキャリヤ同士の衝突・散乱が起こらないとした場合を論じる．簡単のため $f(\mathbf{r}, \mathbf{k})$ が時間的に変化しない定常状態にあると想定しよう．位相空間内で個々のキャリヤの状態はひとつの点で表され，その点は時間的に変化して運動する．キャリヤの集合に対応する点の集合の，位相空間内の運動を表すフラックスに対して，キャリヤ数が保存されるために連続の方程式が成り立つ．以下は簡単のために位相空間を x, k の2次元空間として説明するが，より高次元でも同様となる．位相空間内のキャリヤ密度が $f(x, k)\times 2/(2\pi)$ であり，それに速度ベクトル $(\dot{x}, \dot{k})$ を乗じてフラックスは $\{\dot{x}f(x, k), \dot{k}f(x, k)\}\times 2/(2\pi)$ となる．これを用いて連続の方程式を書き下すと定数の $2/(2\pi)$ を払って

$$\frac{\partial}{\partial x}\{\dot{x}f(x, k)\}+\frac{\partial}{\partial k}\{\dot{k}f(x, k)\}+\frac{\partial}{\partial t}f(x, k)=0 \tag{2.1}$$

という式に与えられる．ここに，$\dot{x}$ 等に記された上点は時間による微分を表す．左辺の第3項は，定常状態では変化がなくゼロとなる．第1, 2項からは $f(x, k)$ を x および k で微分した項を含む部分と，$(\partial\dot{x}/\partial x+\partial\dot{k}/\partial k)$ を含む部分とが出てくる．$(\partial\dot{x}/\partial x+\partial\dot{k}/\partial k)$ を含む部分に関しては，解析力学の正準方程式[14]が，H をハミルトニアンとして

$$\dot{x}=\frac{\partial H}{\partial p}=\frac{1}{\hbar}\frac{\partial H}{\partial k} \tag{2.2}$$

$$\dot{k}=\frac{\dot{p}}{\hbar}=-\frac{1}{\hbar}\frac{\partial H}{\partial x} \tag{2.3}$$

と与えられるので，(2.2)，(2.3) 式をそれぞれ x および k で微分して代入すると相殺してゼロになる．(2.1) 式は結局

$$\frac{dx}{dt}\frac{\partial f(x,k)}{\partial x}+\frac{dk}{dt}\frac{\partial f(x,k)}{\partial k}=\frac{D}{Dt}f(x,k)=0 \tag{2.4}$$

という結果に帰着する．ここに

$$\frac{D}{Dt}\equiv\frac{dx}{dt}\frac{\partial}{\partial x}+\frac{dk}{dt}\frac{\partial}{\partial k}+\frac{\partial}{\partial t} \tag{2.5}$$

は，位相空間内の流線に沿って時間変化をたどるときの微分（いわゆるラグランジュ微分）を表している．(2.4) 式は陽に時間に依存しない関数 $f(x, k)$ が，流線に沿って保存されることを示す．6 次元の位相空間に一般化して，言い換えれば

$$f(\mathbf{r}(t),\mathbf{k}(t))=f(\mathbf{r}(t+dt),\mathbf{k}(t+dt)) \tag{2.6}$$

であり，位相空間内の流線に沿って古典分布関数が保存される．リウヴィルの定理として知られている結果である．

輸送中にキャリヤの衝突/散乱（collision/scattering）があれば (2.4) 式の右辺はゼロにならず残差項が残る．衝突・散乱による分布関数の変化を

$$f(\mathbf{r}(t+dt),\mathbf{k}(t+dt))-f(\mathbf{r}(t),\mathbf{k}(t))=dt\left(\frac{\partial f}{\partial t}\right)_{\mathrm{col.}} \tag{2.7}$$

と表そう．キャリヤの衝突・散乱は，結晶格子の欠陥などにより結晶の一様性が乱されることで起こる．結晶中に混ざる不純物原子や空格子点，格子振動（フォノン）などによる周期性の乱れ，他のキャリヤの作るポテンシャル場，半導体の界面を走るキャリヤに対しては界面の凹凸，などがキャリヤの散乱を引き起こす．不純物などのポテンシャル場による散乱では，散乱されるキャリヤのエネルギーが散乱の前後で変わらない，いわゆる弾性散乱となる．フォノンによる散乱では，フォノンとのエネルギーのやり取りが発生するため，エネルギーが保存されない非弾性散乱となる．このうち，音響フォノンによる散乱はエネルギーの交換量が小さく，簡単な取り扱いによる計算ではエネルギーの交換を無視して弾性散乱として扱うこともなされる．光学フォノンによる散乱はエネルギーの変化量が大きく，代表的な非弾性散乱である．キャリヤ同士の散乱も非弾性散乱となるが，同種のキャリヤ同士の散乱で有効質量が等しい場合には，有効質量で割ると運動量の保存則は速度の和の保存則を意味する．キャリヤ全体の総運動量の保存からキャリヤ・フラックス（速度ベクトルの和に比

例する）の保存が導かれて，散乱は電流の変化をもたらさないという結果を導く．ランダムなポテンシャルなどに因る弾性散乱は，キャリヤの運動をランダマイズして運動量の緩和をもたらすがキャリヤの平均エネルギーは変わらない．非弾性散乱を繰り返すことによりキャリヤのエネルギーが緩和して，徐々に熱平衡のキャリヤ分布に近付くと考えられる．(2.7) 式の左辺第1項を1次までテイラー展開した

$$f(\mathbf{r}(t+dt),\mathbf{k}(t+dt))=f(\mathbf{r}(t),\mathbf{k}(t))+\frac{d\mathbf{r}}{dt}\cdot\nabla_{\mathbf{r}}f(\mathbf{r}(t),\mathbf{k}(t))dt+\frac{d\mathbf{k}}{dt}\cdot\nabla_{\mathbf{k}}f(\mathbf{r}(t),\mathbf{k}(t))dt \tag{2.8}$$

を (2.7) 式に代入し，速度

$$\frac{d\mathbf{r}}{dt}=\frac{\hbar\mathbf{k}}{m} \tag{2.9}$$

および，外力を $\mathbf{f}$ としてニュートンの方程式から

$$\frac{d\mathbf{k}}{dt}=\frac{1}{\hbar}\frac{d\mathbf{p}}{dt}=\frac{\mathbf{f}}{\hbar} \tag{2.10}$$

を用いると，両辺から dt を払って

$$\frac{\hbar\mathbf{k}}{m}\cdot\nabla_{\mathbf{r}}f(\mathbf{r},\mathbf{k})+\frac{\mathbf{f}}{\hbar}\cdot\nabla_{\mathbf{k}}f(\mathbf{r},\mathbf{k})=\left(\frac{\partial f}{\partial t}\right)_{\mathrm{col.}} \tag{2.11}$$

を得る．いわゆるボルツマンの輸送方程式である．

キャリヤ散乱によって $f(\mathbf{r},\mathbf{k})$ が変化する割合を示す (2.11) 式の右辺は，他の $(\mathbf{r},\mathbf{k}')$ 点へ散乱されて $f(\mathbf{r},\mathbf{k})$ が減少する項と他の $(\mathbf{r},\mathbf{k}')$ 点から $(\mathbf{r},\mathbf{k})$ への散乱により $f(\mathbf{r},\mathbf{k})$ が増加する項とからなる．すなわち

$$\left(\frac{\partial f}{\partial t}\right)_{\mathrm{col.}}=\int\{f(\mathbf{r},\mathbf{k}')(1-f(\mathbf{r},\mathbf{k}))-f(\mathbf{r},\mathbf{k})(1-f(\mathbf{r},\mathbf{k}'))\}Q_{\mathbf{r},\mathbf{k},\mathbf{k}'}\frac{2d\mathbf{k}'}{(2\pi)^3} \tag{2.12}$$

である．ここに $Q_{\mathbf{r},\mathbf{k},\mathbf{k}'}$ はキャリヤが $(\mathbf{r},\mathbf{k})$ 点から $(\mathbf{r},\mathbf{k}')$ 点へ単位時間当たりに散乱される遷移確率を示し，$Q_{\mathbf{r},\mathbf{k},\mathbf{k}'}=Q_{\mathbf{r},\mathbf{k}',\mathbf{k}}$ と考えられ，（詳細平衡）各散乱過程に対してフェルミの黄金律などにより計算することができる．$f(\mathbf{r},\mathbf{k})$ などは散乱元にキャリヤが存在する確率を表し，$(1-f(\mathbf{r},\mathbf{k}))$ などは散乱先が空いている確率を与える．(2.11)，(2.12)式からなるボルツマン方程式は $f(\mathbf{r},\mathbf{k})$ に関する複雑な微積分方程式であり，これを解いて $f(\mathbf{r},\mathbf{k})$ を求めれば電流な

どの輸送の詳細がわかるが，実際の場合に正確に解くことは不可能とみられる．このため以下のような緩和時間近似という現象論的な手法により議論されることが多い．

系に電界が印加されて電流が流れる場合は非平衡であるが，熱平衡からのずれが大きくなければ，電界などの外力を除去して放置すると熱平衡に向かって適当な時定数（緩和時間 τ とおく）で緩和していくと考えられる．換言すれば，これは $f(\mathbf{r}, \mathbf{k})$ が単位時間当たりほぼ $(f(\mathbf{r}, \mathbf{k})-f^0(\mathbf{r}, \mathbf{k}))/\tau$ ずつ減少すると表せる．ここに $f^0(\mathbf{r}, \mathbf{k})$ は $\mathbf{r}$ 点における局所的な熱平衡状態を表す分布関数であるが，この熱平衡状態は電流など輸送現象に寄与しない．(2.11) 式で

$$\left(\frac{\partial f}{\partial t}\right)_{\text{col.}} = -\frac{f(\mathbf{r}, \mathbf{k})-f^0(\mathbf{r}, \mathbf{k})}{\tau} \tag{2.13}$$

として置き換えてよいだろう．τ の値は一般にはキャリヤのエネルギーに依存する．(2.11) 式と (2.13) 式とを合わせたボルツマン方程式は，相異なる二つの $(\mathbf{r}, \mathbf{k})$ 点における $f(\mathbf{r}, \mathbf{k})$ 同士の相互作用の結果を，1 点における $f(\mathbf{r}, \mathbf{k})$ 自体の自己緩和過程に置き換えて簡単化したことにより，比較的容易に解くことができるようになる．

マクロなサイズの等方的な試料に流れる電流を見積もってみよう．このような場合は一般に，電圧を印加することなどにより系に小さい摂動が加わって熱平衡からわずかにずれ，ずれの大きさに対応した電流が流れると想定してよい．小さい電界が印加されて一定の電流が流れているが，熱平衡からのずれは小さく (2.13) 式の近似が成り立つと仮定しよう．(2.13) 式を (2.11) 式に代入して，

$$\frac{\hbar\mathbf{k}}{m}\cdot\nabla_{\mathbf{r}} f(\mathbf{r}, \mathbf{k}) + \frac{\mathbf{f}}{\hbar}\cdot\nabla_{\mathbf{k}} f(\mathbf{r}, \mathbf{k}) = -\frac{f(\mathbf{r}, \mathbf{k})-f^0(\mathbf{r}, \mathbf{k})}{\tau} \tag{2.14}$$

を得る．この式の左辺は，外力などが系を熱平衡からずらす作用を表すいわゆる摂動項であると考えられ，熱平衡からのずれが小さいという前提では，その大きさの評価に際して真の分布関数 $f(\mathbf{r}, \mathbf{k})$ を熱平衡時の $f^0(\mathbf{r}, \mathbf{k})$ で置き換えて近似することができる．このようにして右辺の $f(\mathbf{r}, \mathbf{k})$ について解くと

$$f(\mathbf{r}, \mathbf{k}) \approx f^0(\mathbf{r}, \mathbf{k}) - \frac{\tau\hbar\mathbf{k}}{m}\cdot\nabla_{\mathbf{r}} f^0(\mathbf{r}, \mathbf{k}) - \frac{\tau\mathbf{f}}{\hbar}\cdot\nabla_{\mathbf{k}} f^0(\mathbf{r}, \mathbf{k}) \tag{2.15}$$

となる．一方，試料を流れる電流密度 $\mathbf{i}$ はキャリヤの電荷を q として，

$$\mathbf{i} = q \cdot 2\int \frac{\hbar \mathbf{k}}{m} f(\mathbf{r}, \mathbf{k}) \frac{d\mathbf{k}}{(2\pi)^3} \tag{2.16}$$

と表されるので，右辺に（2.15）式を代入する．右辺には（2.15）式右辺の3項に対応して同じく3項が現れるが，最初の$f^0(\mathbf{r}, \mathbf{k})$を含む項は熱平衡の分布関数の下での電流値でありゼロになる．次の分布関数の勾配を含む項は，ベクトルの成分で表して，

$$\begin{aligned} i_i &= -q \cdot 2\int \frac{\hbar k_i}{m} \tau \sum_j \frac{\hbar k_j}{m} \frac{\partial}{\partial x_j} f^0(\mathbf{r}, \mathbf{k}) \frac{d\mathbf{k}}{(2\pi)^3} \\ &= -q \sum_j \frac{\partial}{\partial x_j} 2\int v_i(\mathbf{k}) \tau v_j(\mathbf{k}) f^0(\mathbf{r}, \mathbf{k}) \frac{d\mathbf{k}}{(2\pi)^3} \end{aligned} \tag{2.17}$$

となる．ここに$v_i(\mathbf{k})$は速度のi成分である．最後尾の式の積分の項は，分布関数を用いて計算される熱平衡の平均値を$\langle \cdots \rangle$で表し，キャリヤ密度をnとして

$$\begin{aligned} &2\int v_i(\mathbf{k}) \tau v_j(\mathbf{k}) f^0(\mathbf{r}, \mathbf{k}) \frac{d\mathbf{k}}{(2\pi)^3} \\ &= \left(2\int v_i \tau v_j f^0(\mathbf{r}, \mathbf{k}) \frac{d\mathbf{k}}{(2\pi)^3} \Big/ 2\int f^0(\mathbf{r}, \mathbf{k}) \frac{d\mathbf{k}}{(2\pi)^3}\right) \cdot \left(2\int f^0(\mathbf{r}, \mathbf{k}) \frac{d\mathbf{k}}{(2\pi)^3}\right) = \langle v_i \tau v_j \rangle \cdot n \end{aligned} \tag{2.18}$$

と書き表される（i, jはx, y, zを表す）．

具体的な計算を行うために，例えば等方的なキャリヤのエネルギーを

$$E(k_x, k_y, k_z) = \frac{\hbar^2}{2m}(k_x{}^2 + k_y{}^2 + k_z{}^2) = \frac{\hbar^2}{2m} k^2 \tag{2.19}$$

の形に想定する（kは波動ベクトルの大きさ）．まず，右辺の最初の$\langle v_i \tau v_j \rangle$の項は，分布関数$f^0(\mathbf{r}, \mathbf{k})$および$\tau$がキャリヤ・エネルギーの関数であるために$k_x, k_y, k_z$の偶関数となり，一方$v_i(\mathbf{k}) = \hbar k_i / m$は同じく奇関数であるので，$i \neq j$に対してはゼロとなる．さらに，$\langle v_i \tau v_i \rangle$はすべての$i$に対して等しくなるので，$\langle v_i \tau v_i \rangle = (\langle v_x \tau v_x \rangle + \langle v_y \tau v_y \rangle + \langle v_z \tau v_z \rangle)/3$と書き直し，3次元状態密度$D_3(E)$を用いて

$$\frac{2dk_x dk_y dk_z}{(2\pi)^3} = D_3(E)\,dE \tag{2.20}$$

と変数変換すると，エネルギーに関する積分の形に変えられる．さらに，熱平

衡の分布関数としてボルツマン分布を仮定すると，局所的なフェルミ・レベルを $\mu(\mathbf{r})$ として熱平衡の分布関数は

$$f^0(\mathbf{r}, E) = \exp\left(\frac{\mu(\mathbf{r}) - E}{k_B T}\right) \tag{2.21}$$

を用いることができる．結局，前述の (2.18) 式の右辺の最初の（　）内の項を D とおいてまとめると

$$D \equiv \langle v_i \tau v_i \rangle = \frac{2}{3m}\int \tau E \exp\left(-\frac{E}{k_B T}\right) D_3(E)\, dE \Big/ \int \exp\left(-\frac{E}{k_B T}\right) D_3(E)\, dE \tag{2.22}$$

という形になる．指数関数内の $\mu(\mathbf{r})$ の項が分子・分母でキャンセルし，$\mathbf{r}$ によらない定数となることに注意したい．D は拡散定数と呼ばれる．後の方の項は $\mathbf{r}$ に依存したキャリヤ密度

$$n(\mathbf{r}) = \int \exp\left(\frac{\mu(\mathbf{r}) - E}{k_B T}\right) D_3(E)\, dE \tag{2.23}$$

になり，(2.17) 式は結局

$$i_i = -qD\frac{\partial n(\mathbf{r})}{\partial x_i} \tag{2.24}$$

となる．この電流成分は，キャリヤ密度が空間的に変化しているときに，その勾配に比例して高濃度から低濃度に向かって流れる電流の寄与を表し，拡散電流と呼ばれる．

次に，(2.16) 式に (2.15) 式を代入したときに現れる，3 番目の外力に比例する電流成分をみてみよう．x 方向に F の大きさの電界を印加すると，外力は qF となる．

$$i_i = -\frac{q^2}{\hbar} 2\int \frac{\hbar k_i}{m} \tau \frac{\partial}{\partial k_x} f^0(\mathbf{r}, \mathbf{k}) \frac{d\mathbf{k}}{(2\pi)^3} F \tag{2.25}$$

であるが，ここで先ほどと同じキャリヤ・エネルギーの表式と，ボルツマン分布とを想定する．

$$\frac{\partial f^0(\mathbf{r}, \mathbf{k})}{\partial k_x} = \frac{df^0(\mathbf{r}, \mathbf{k})}{dE} \frac{\hbar^2 k_x}{m} \tag{2.26}$$

を代入すると，先ほどと同じ議論により，$i_y = i_z = 0$ となり，i_x は，

$$i_x = -q^2 \cdot 2\int \left(\frac{\hbar k_x}{m}\right)^2 \tau \frac{df^0(\mathbf{r}, \mathbf{k})}{dE} \frac{d\mathbf{k}}{(2\pi)^3} F \tag{2.27}$$

となる．右辺の積分はキャリヤのエネルギーの等方性から k_x^2 を k_y^2 ないし k_z^2 に変えたものも同じ値を与える．これら3者の和を3等分して $(k_x^2+k_y^2+k_z^2)/3=k^2/3$ と表現すれば E を用いて表され，前回と同じく $\mathbf{k}$ による積分を E による積分に書き換えることができる．最終的には，電界の方向に流れる電流密度の大きさを i として

$$i=\frac{2q^2}{3m}\int \tau E\left(-\frac{df^0(\mathbf{r},\mathbf{k})}{dE}\right)D_3(E)\,dE\,F \tag{2.28}$$

という式を得る．電流が電界に比例するのは，(2.15) 式の分布関数の近似式が電界に比例する項を含んでいたためであり，それはさらに (2.14) 式の左辺の分布関数 $f(\mathbf{r},\mathbf{k})$ を $f^0(\mathbf{r},\mathbf{k})$ で近似したことによる．ここで，$f^0(\mathbf{r},\mathbf{k})$ の代わりに (2.15) 式の $f(\mathbf{r},\mathbf{k})$ を用いると (2.15) 式の段階で得られる $f(\mathbf{r},\mathbf{k})$ の精度が上がり，(2.27) 式の右辺には F^2 の項が加わって，より高精度の表式が得られる．このようにしてより精度の高い $f(\mathbf{r},\mathbf{k})$ の表現を逐次に取り入れていくことにより，電流値は電界のべき級数の形に表せる．この級数が収束するかどうかは必ずしも明らかでないが，もし収束するならば電流値の高精度の値を与えるだろう．(2.28) 式は電界に比例する最低次の近似式である．この式を，キャリヤ密度 n を用いて

$$i=qn\mu F \tag{2.29}$$

という形に書き表してキャリヤ移動度 μ を導入すると，μ は

$$\mu=\frac{2q}{3mn}\int \tau E\left(-\frac{df^0(\mathbf{r},\mathbf{k})}{dE}\right)D_3(E)\,dE \tag{2.30}$$

という式で定義される．この電流成分はキャリヤが電界により押し動かされる電流を表し，ドリフト電流と呼ばれる．

(2.15)，(2.16) 式から半導体内の電流は拡散電流とドリフト電流の二つの成分からなることがわかる．$f^0(\mathbf{r},\mathbf{k})$ として (2.21) 式を用いれば，

$$-\frac{df^0(\mathbf{r},E)}{dE}=\frac{1}{k_\mathrm{B}T}f^0(\mathbf{r},E) \tag{2.31}$$

であり，(2.30) 式に代入すると分子の $f^0(\mathbf{r},E)$ と分母の n の (2.23) 式とにより $\mu(\mathbf{r})$ の項がキャンセルし，(2.22) 式の D とよく似た表式となる．詳細に比較し

$$D = \frac{\mu k_B T}{q} \tag{2.32}$$

という関係が得られる．この拡散定数と移動度との関係をアインシュタインの関係式という．

緩和時間 τ は一般にはエネルギーに依存する．しかし，(2.30) 式の積分で大きな寄与をするエネルギー範囲は幅 $k_B T$ の狭い範囲であり，この間の変化を平均して平均値 $\langle\tau\rangle$ を積分の外に出して積分を実行しよう．(2.21) 式および 3 次元空間の状態密度

$$D_3(E) = \frac{m\sqrt{2mE}}{\pi^2 \hbar^3} \tag{2.33}$$

を代入すると，(2.30) 式，および (2.23) 式の n のエネルギー積分はガンマ関数を用いて計算でき，このようにして，

$$\mu = \frac{q\langle\tau\rangle}{m} \tag{2.34}$$

を得る．電流密度 i はキャリヤの平均速度 v を用いて

$$i = qnv \tag{2.35}$$

という形に書くこともできる．この式と (2.29) 式とを比較すると，

$$v = \mu F \tag{2.36}$$

という表式が得られる．キャリヤの平均速度は加えられた電界に比例し，その比例定数が移動度となる．物理的には，電界による加速と散乱による減速とが拮抗して一定のキャリヤ速度を生じることを示す．マクロなスケールにわたって一様な半導体中では，キャリヤ密度や移動度は電界とともに場所によらず一定の値を持ち，その値は半導体の局所的な物性値により決まると考えられる．

全体としては一様といえない半導体の場合にも，局所的には一様な半導体が区分的に連続しているとみなすことができれば上の議論を適用できる．結局，前述のように半導体内の電流は拡散電流とドリフト電流とからなり，電流密度の i 成分は

$$i_i = -qD\frac{\partial n(\mathbf{r})}{\partial x_i} + qn\mu F_i \qquad (i = x, y, z) \tag{2.37}$$

と表される．このような電流モデルをドリフト・拡散電流モデルという．(2.29) 式は通常はオームの法則の形に書かれる．一様な試料の断面積を S，長さを L，

電気伝導度を σ，試料への印加電圧を V とすると，この関係は電流値 I に関して

$$\sigma=qn\mu \tag{2.38}$$

$$I=\sigma\frac{S}{L}V \tag{2.39}$$

と書き換えられて，よく知られたオームの法則となる．

2.1.2　速度飽和

測定される半導体の電流密度は，電界が小さい場合には電界に比例して増大しオームの法則を再現する．しかし，電界が充分に大きい領域（10^4 V/cm 程度を超える）では，電界を増加しても電流密度の増大が抑制されるようになり，やがて一定値に飽和する傾向を示す．(2.35)，(2.36) 式の平均速度を用いた表式に従うならば，電界によるキャリヤ速度の増大傾向が電界の増加とともに鈍ってゆき，図 2.1[15] の電子速度の実験データが示すようにやがて一定値（シリコンの場合 10^7 cm/s 程度）に飽和してゆく．この現象をキャリヤの速度飽和といい，その一定速度を飽和速度 $v_{\rm sat}$ という．キャリヤの加速が線型増加から鈍る現象は，高電界中でキャリヤが強く加速されて運動エネルギーが上昇し，そのためキャリヤの散乱確率が増大して，速度の増加率が抑制されるためと考えられる．数式上では，電界の最低次の近似においては無視された高次の項が

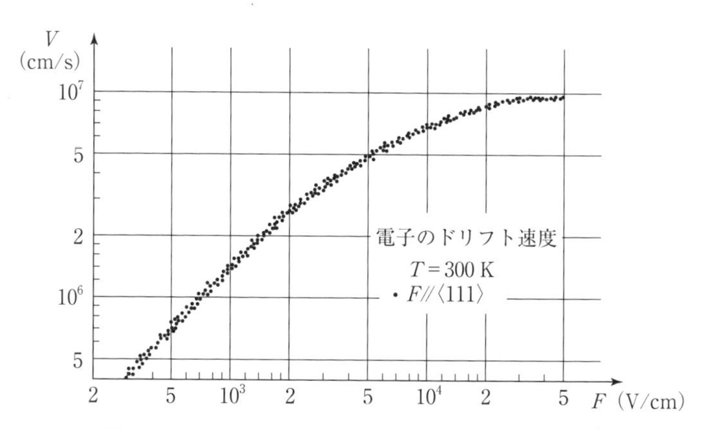

図 2.1　シリコンの電子のドリフト速度の電界依存性[15]

効いてくるためとされ，オームの法則からのずれとして扱うことができる．キャリヤの加速が進みさらに運動エネルギーが増大すると，別の側面が現れてくる．キャリヤの運動エネルギーが光学フォノンのエネルギー $\hbar\omega_o$ に到達するようになって，光学フォノンの放出によるキャリヤのエネルギー緩和が著しくなると考えられる．$\hbar\omega_o$ のエネルギーを超えるたびに光学フォノンを放出してエネルギーの微小な状態に戻ることを繰り返し，キャリヤの運動エネルギーはほぼ $\hbar\omega_o$ の値に頭打ちとなる．この状態ではキャリヤの運動はほとんど電界方向だけに限られ，その運動エネルギーが微小エネルギーからほぼ $\hbar\omega_o$ まで連続分布するようになる．このとき電界方向のキャリヤ速度の平均値は，おおよそ $\sqrt{\hbar\omega_o/(2m)}$ という一定値に固定されることがわかる．速度の飽和は基本的にはこのような機構によると想定でき，上記の一定速度の推定値も実験的な飽和速度の大きさをほぼ再現するとみられている．

キャリヤ速度のこのような振る舞いをデバイスの特性解析に反映させるには，図2.1のキャリヤ速度のカーブを現象論的な解析式に表して計算に取り込むのが有用である．電界が小さくキャリヤ速度が電界に比例する領域の移動度を特に μ_{eff} と書き表し，キャリヤ速度が（2.36）式の表現から飽和速度に向かう領域内に臨界電界 F_{c} を設定して，キャリヤ速度を

$$v=\frac{\mu_{\mathrm{eff}}F}{(1+|F/F_{\mathrm{c}}|^{n})^{1/n}} \tag{2.40}$$

という式に表すことがよく行われる．n は整数であり，電子に対して $n=2$，正孔に対しては $n=1$ という数字が用いられる．F_{c} の値は，$F\to\infty$ に対して $v=v_{\mathrm{sat}}$ となることから，（2.40）式に代入して

$$F_{\mathrm{c}}=\frac{v_{\mathrm{sat}}}{\mu_{\mathrm{eff}}} \tag{2.41}$$

という関係式から求めることができる．

2.2 微細構造の輸送理論

前節まで示したキャリヤの輸送理論はサイズの大きなマクロな系における輸送現象を解説している．そのような系においては，電流を系に流し込んだり取

り出したりする電極部分は遠く離れた周辺部にあると仮定することができる．系の中央部分にはその影響が及ばず，中央部分は空間的に一様で，一定の電界が印加された定常的な系とみなすことができる．ミクロにみれば，個々のキャリヤは電界に加速されて速度を増し，散乱されて速度を変え，さらに電界での加速を受けるということを繰り返しつつ流れていく．このような系を流れる平均的な電流を求めるに際し，キャリヤ散乱の平均自由行程（キャリヤが，ひとつの散乱を受けたのち，次の散乱までの間に自由に走る距離の平均値）に比べて充分大きなサイズの中央部分を流れる電流に対して，前節のような取り扱いを行う．

極微細素子などのミクロな系では様子が異なる．電流を流し込む電極と電流を取り出す電極（以下，それぞれソースおよびドレインと呼ぶ）は素子に隣接しており，それらの電流への影響は避けられない．ソースとドレインの間の電流が流れる素子部分をチャネルと呼ぶとき，チャネルの長さがキャリヤの平均自由行程の大きさに近くなると上記のマクロな系での輸送理論が破綻する．ソースとドレインの間隔が平均自由行程に比べて充分に長く，キャリヤが充分に多数回の散乱を経てからドレインに達する場合は，電流値の揺らぎは小さく上記の議論の与えるその平均値により精度よく表される．逆にチャネルの長さが短くなると，それにつれて平均値の周りの揺らぎが大きくなり，さらに散乱回数が1〜2回になってしまうと平均速度自体がずいぶん変わってくる．例えば，短い極限でほとんど散乱を受けずにドレインまで輸送されるようになると，走行速度が散乱時間で決まる（2.34）および（2.36）式のような表式が妥当性を失うのは明らかだろう．ソースを出発したキャリヤのほとんどは，電界により連続的に加速を受けながら，散乱されることもなくドレインまで到達する（いわゆるバリスティック輸送）ようになる．キャリヤの平均速度はソースからドレインに向かって増加し続け，（2.36）式の与えるような一定の速度に収束することはない．このため，いわゆるキャリヤの移動度という概念が成り立たなくなる．このような微細系におけるキャリヤ輸送を扱う考え方を探ろう．

2.2.1　ランダウアーの公式[16)]

金属のように充分な量のキャリヤが存在する試料において，ソース・ドレイ

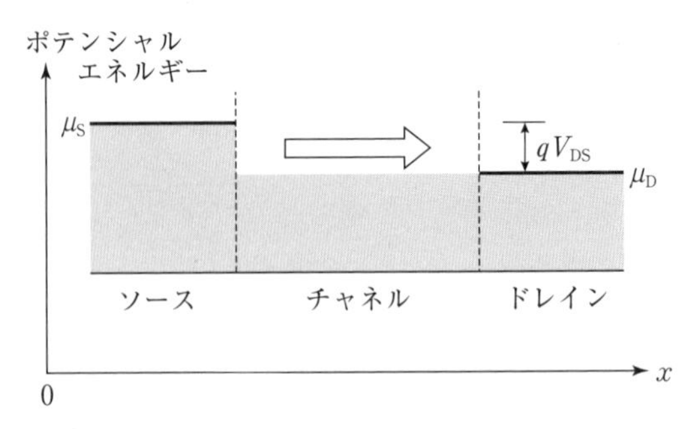

図 2.2 金属のチャネルを有する微細系に微小電圧 V_{DS} を印加する

ンの間に微小な電圧（ドレイン電圧と呼ぼう）V_{DS} を印加した場合のコンダクタンスを求めよう．ソースからドレインに向かう電流の方向を x 軸とし，これに垂直な断面内に y, z 軸をとる．電流は y-z 面内の試料の断面を流れるとし，断面はソースからドレインまで一様とする．x 方向のポテンシャル・エネルギーの変化は図 2.2 のようにごく小さいものとしよう．チャネル内の，エネルギーが μ_D より大きいキャリヤは準平衡状態とはいえないので矢印⇨で表した．チャネル内の電子状態はシュレーディンガー方程式を解いて得られる．ハミルトニアンは近似的に x 方向の運動を表す部分と y-z 面内の運動を表す部分との和に書き表されるので，これら二つの部分に分けて解き近似解を得ることができる．キャリヤのエネルギーは二つの部分のエネルギーの和になり，全体の波動関数は二つの部分の波動関数の積になる．キャリヤの有効質量を m とした x 方向のシュレーディンガー方程式は，小さい変化を無視してポテンシャル・エネルギーをゼロとおくと

$$-\frac{\hbar^2}{2m}\frac{d^2}{dx^2}\varphi_x(x) = E\varphi_x(x) \tag{2.42}$$

と記述される（エネルギーの原点は μ_D とする）．これを解くと，エネルギー E および x 方向の運動の波動関数 $\varphi_x(x)$ が

$$E = \frac{\hbar^2}{2m}k^2 \tag{2.43}$$

$$\varphi_x(x) \propto \exp(ikx) \tag{2.44}$$

という形の 1 次元の自由電子（平面波）の解として得られる．k は波動関数 $\varphi_x(x)$ の波数である．また y-z 面内のシュレーディンガー方程式は，試料の断

面積内にキャリヤが閉じ込められるとして，閉じ込めポテンシャルを $V_{yz}(y,z)$ とすると，

$$-\frac{\hbar^2}{2m}\left(\frac{d^2}{dy^2}+\frac{d^2}{dz^2}\right)\varphi_{yz}(y,z)+V_{yz}(y,z)\varphi_{yz}(y,z)=E\varphi_{yz}(y,z) \tag{2.45}$$

という形に書き表される．これを解くと，飛びとびのエネルギー準位 $E=E_i$ $(i=0,1,\cdots)$ からなる束縛状態を得ることができる．この結果キャリヤの電子状態は，x 方向，y-z 面内をまとめて

$$E=E_i(k)=E_i+\frac{\hbar^2}{2m}k^2 \tag{2.46}$$

と表され，多数の1次元サブバンドの集合により表されることとなる．各サブバンドは，キャリヤの x 方向の1次元運動を表し，ソースからドレインに向かう向きの正の速度（すなわち $k\geq 0$ の状態）と，逆にドレインからソースに向かう向きの負の速度（$k<0$）の状態とからなる．

電圧が印加されず $V_{\mathrm{DS}}=0$ の場合は，電流が流れずソース，ドレインを含め素子構造全体が熱平衡にある．小さい V_{DS} を印加すると微小な電流が流れ出すが，ソースおよびドレイン電極が充分に大きい場合には電極内は電流による擾乱が小さく，熱平衡からのずれの小さい準平衡状態に保たれると仮定できる．さらに加えて，ソース電極からチャネルへのキャリヤの供給が速やかで，このためチャネル端は電極とほとんど平衡な状態を保ち，またいったんドレインの電極に流れ込んだキャリヤはそっくりすべて電極内に吸収されると仮定しよう．このような仮定は理想電極（ideal reservoir）の仮定であり，多くの場合，素子を解析する際には不可欠なものである．しかし，実際の極微細素子においてどの程度実現されているかは不明であって，個々の微細素子に即して注意深く検証していく必要があるだろう．ソースからチャネル領域に流入するキャリヤの電流密度は，各々の1次元サブバンド（i という番号を付けよう）からの寄与の和であり，さらにいえば，各サブバンドからの寄与は各々狭いエネルギー区間内で積分したものとして表される．i 番目のサブバンドの単位エネルギー当たりの電流密度は，チャネルのソース側の端の正の方向（ソースからドレインに向かう方向，$k\geq 0$）の速度ブランチにおいて，速度とキャリヤ密度の積にキャリヤ電荷 q を掛けたものに等しい．キャリヤ密度は，1次元の単位長さ当

たりの状態密度 $D_i(E)$ とキャリヤの分布確率の積になる．分布確率は，理想電極の仮定から準平衡状態にある隣接ソース電極のフェルミ分布関数[17)]

$$f(E,\mu)=\frac{1}{1+\exp\{(E-\mu)/k_B T\}} \tag{2.47}$$

により与えられる．ここに，フェルミ・エネルギー μ はソース電極の値 μ_S を用いる．チャネルに流入するキャリヤは，チャネル内で散乱･反射･エネルギー緩和などを経て，そのフラックス（流束）のうち透過確率 $T_i(E)$ で与えられる割合がドレイン電極に達するとする．ドレインもまた理想電極であり，到達したキャリヤはすべて電流に寄与するとする．同様なキャリヤ流はドレイン電極からチャネルに流れ込むキャリヤによっても形成されるので，正味の電流は両者の差で表される．ソース・ドレイン間に印加される電圧が充分に小さければ，両電極は対称的とみなすことができてサブバンド構造や，$D_i(E)$，$T_i(E)$ は両方のキャリヤ流で等しいとしてよい．以上を考慮すると，ソースからドレインに流れる正味の電流は，

$$I=2q\sum_i\int dE D_i(E)\,[f(E,\mu_S)-f(E,\mu_D)]\,v_i(E)\,T_i(E) \tag{2.48}$$

と与えられる．右辺の 2 はスピン縮重の効果を表し，μ_D はドレイン電極のフェルミ・エネルギーであって，

$$\mu_D=\mu_S-qV_{DS} \tag{2.49}$$

の関係にある．$v_i(E)$ は i 番目のサブバンドにおけるエネルギー E のキャリヤの速度とする．1 次元の自由電子モデルによれば，状態密度は $E\geq E_i$ に対して

$$D_i(E)=\frac{1}{2\pi}\frac{dk}{dE_i(k)}=\frac{1}{2\pi}\left(\frac{dE_i(k)}{dk}\right)^{-1} \tag{2.50}$$

で与えられ，$E<E_i$ では 0 となる．一方，キャリヤの速度はいわゆる群速度

$$v_i(E)=\frac{1}{\hbar}\frac{dE_i(k)}{dk} \tag{2.51}$$

で与えられる．(2.48) 式に代入して

$$I=\frac{2q}{h}\sum_i\int_{E_i}^{\infty}dE[f(E,\mu_S)-f(E,\mu_D)]\,T_i(E) \tag{2.52}$$

となる．(2.48) 式からわかるように，(2.52) 式右辺の角括弧内の値はエネル

ギーが E であってソースからドレインに向かうフラックスを表している．そのフラックスの大きさを重みとして透過確率を平均した平均値

$$\bar{T}=\sum_i\int_{E_i}^{\infty}dE[f(E,\mu_S)-f(E,\mu_D)]T_i(E)\Big/\sum_i\int_{E_i}^{\infty}dE[f(E,\mu_S)-f(E,\mu_D)] \quad (2.53)$$

を定義すると，(2.52) 式の透過確率を積分の外に出すことができて，

$$I=\frac{2q}{h}\bar{T}\sum_i\int_{E_i}^{\infty}dE[f(E,\mu_S)-f(E,\mu_D)] \quad (2.54)$$

と表せる．右辺に (2.49) 式を代入して，ドレイン電圧 V_{DS} が充分に小さいことを考慮して V_{DS} のべき級数に展開する．$V_{DS}\to 0$ で電流がゼロになるので V_{DS} の1次までとると，電流がドレイン電圧に比例するオームの法則が得られる．(2.47) 式の形から具体的に計算すると

$$I=\frac{2q^2}{h}\bar{T}\sum_i f(E_i,\mu_s)V_{DS} \quad (2.55)$$

となる．右辺の V_{DS} の比例係数がコンダクタンス σ を与える．特に低温の極限の場合には，(2.55) 式で $T\to 0$ の極限をとると (2.47) 式の分布関数はステップ関数になり $\mu_S\geq E_i$ の場合だけ1になるので，コンダクタンスは

$$\sigma=\frac{2q^2}{h}N\bar{T} \quad (2.56)$$

と簡単化される．ここに N はキャリヤが分布しているサブバンドの数（すなわち $\mu_S\geq E_i$ を満たすサブバンドの数）を示す．また V_{DS} は充分に小さく，μ_S と μ_D の間に E_i が入るようなサブバンドは存在しないと仮定した．$\bar{T}=1$ とおくと，チャネル内のキャリヤ散乱の存在しない，いわゆるバリスティックな場合の電流を与える．(2.56) 式はランダウアーの公式と呼ばれる．電流に寄与する各サブバンドを独立した“伝導チャネル”とみなすとき，もしキャリヤの散乱がなくて $\bar{T}=1$（いわゆるバリスティックな場合）ならば各チャネル当たり $(2q^2/h)$ のコンダクタンスの寄与があり，全コンダクタンスはチャネル数に比例する．バイアスを変えて μ_D の値を変化させてチャネル部のチャネル数 N を増減させると，それに対応してコンダクタンスが $(2q^2/h)=77.5\,\mu S$ の整数倍だけ階段状に変化する．いわゆるコンダクタンスの量子化と呼ばれる現象である．実際の素子では必ずキャリヤの散乱があり透過確率が $\bar{T}<1$ となるため，1より小さい因子 $\bar{T}$ がこれに掛かる．

2.2.2　微細な半導体素子の電流

微細な半導体素子に流れる電流を考察しよう．半導体素子の場合は金属の場合と異なり，電極とチャネルの間に pn 接合が入ったりするためチャネル内の静電ポテンシャルがソースからドレインに向かって変化する．スイッチ素子では，チャネル部分の静電ポテンシャルを変化させて流れる電流を制御する．スイッチ・オンの状態でも一般には図 2.3 のようにソース・ドレイン間にポテンシャル・バリヤがあることが多い．電流は，バリヤを超えるエネルギーを有するキャリヤの流れからなり，このためバリヤの頂上付近が電流のボトルネックとなるとみられる．電流の連続性より電流値はソースからドレインまでのどこでも同じ値を示すので，図上に $x_{\max}$ と記したバリヤ頂上で見積もることにする．$x_{\max}$ 近傍では静電ポテンシャルが極値をとる．実際は $x_{\max}$ の前後にわたる範囲で静電ポテンシャルは小さく変化しているが，わずかに変えて，$x_{\max}$ を含む微小区間内では静電ポテンシャルがほぼ一定であると仮定しても，電流値への影響はほとんど無視できる．この微小区間内のキャリヤの電子状態を調べてみよう．静電ポテンシャルの原点を移動して微小区間の一定値をゼロとおくと，その議論には前節の（2.42）式から（2.46）式までの結果がそのまま当てはまることがわかる．もちろん，微小区間の外側では当てはまらないが，この区間の結果に連続につながる電子状態にあると仮定してかまわない．区間内では（2.42）式および（2.45）式のシュレーディンガー方程式で記述され，キャリヤの電子状態は（2.46）式の 1 次元サブバンドに従う．

この区間内の電子状態へソースおよびドレインの理想電極からキャリヤが供

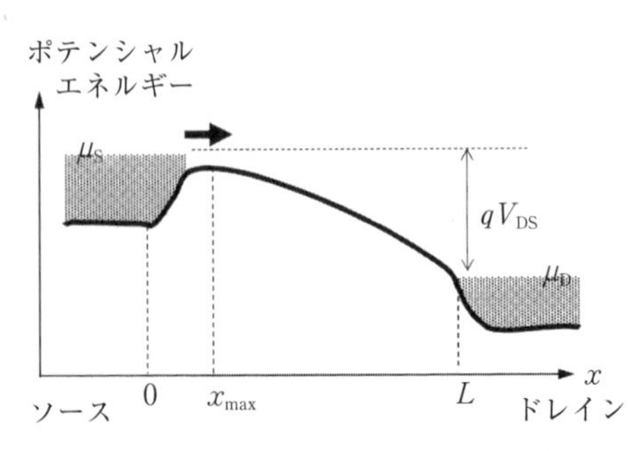

図 2.3　半導体微細素子中のポテンシャル・エネルギー分布

給されると考える．ソース内のキャリヤ分布を仮想的に$f(E, \mu_D)+\{f(E, \mu_S)-f(E, \mu_D)\}$と，二つのキャリヤ分布の和に分けて考えよう．チャネルへは，ソースの$f(E, \mu_D)$，ドレインの$f(E, \mu_D)$，およびソースの$\{f(E, \mu_S)-f(E, \mu_D)\}$の3分布からキャリヤが注入される．ここで，$\{f(E, \mu_S)-f(E, \mu_D)\}$からの注入キャリヤと，他の$f(E, \mu_D)$ からの注入キャリヤとの散乱による相互作用は弱く，それが$f(E, \mu_D)$ からの注入キャリヤの分布を大きく変化させることはないと仮定しよう．この場合は，ソースおよびドレインのそれぞれの$f(E, \mu_D)$ の分布から注入されるキャリヤは，両分布のフェルミ・エネルギーが等しいために正味の電流を生じない．正味の電流は，ソースの分布$\{f(E, \mu_S)-f(E, \mu_D)\}$からチャネルに注入されるキャリヤにより引き起こされる．この分布が図2.3のx_{max}点に到達するまでにやや変化する可能性はあり得るが，x_{max}点は通常ソースのごく近傍に位置しているため，x_{max}点のキャリヤ分布はソースとほとんど平衡にあるとみることができて，ソースからx_{max}点に注入されるキャリヤの分布を$\{f(E, \mu_S)-f(E, \mu_D)\}$そのものと近似できる．まず，ソースから$x_{max}$点に注入されてドレインに向かうフラックスを求める．これは，[キャリヤの分布関数]×[サブバンドの状態密度]×[キャリヤ速度］の形で与えられるので，x_{max}点のi番目のサブバンドのエネルギーEにおいては，$\{f(E, \mu_S)-f(E, \mu_D)\}\times$[(2.50) 式]×[(2.51) 式］の形で与えられる．さらに，このフラックスのうちドレインに到達して最終的に電流に寄与する割合を与えるフラックスの透過確率を，i番目のサブバンドのエネルギーEに対して$T_i(E)$ で表そう．定常的なドレイン電流の値は，x_{max}点への注入フラックスと透過確率の積をエネルギーで積分してサブバンドで和をとれば得られ，

$$I=\frac{2q}{h}\sum_i\int_{E_i}^{\infty}dE[f(E, \mu_S)-f(E, \mu_D)]\,T_i(E) \tag{2.57}$$

という表式となる．これは (2.52) 式と同一の表現だが，その内容は異なる．(2.52) 式ではソース・ドレイン間の電圧が極めて小さく，(2.46) 式のサブバンドをチャネル全体にわたって想定できるのに対し，(2.57) 式ではソース・ドレイン間に有限な大きさの電圧が印加され，(2.46) 式のサブバンドはバリヤの頂上のx_{max}点近傍でしか想定されていない．バリヤの頂上の特性を用いてドレイン電流を論ずる方法はtop of the barrier modelと呼ばれることがあ

る．(2.57) 式の導出にあたり，デバイスを理想化しさらにいくつかの前提をおいた．実際のデバイスではそれらの前提が必ずしも満たされないことも考えられる．しかし，理想化された動作を骨組みとして実際の条件とのずれを実効的に取り込むことを行えば動作特性の近似を高めることが可能である．一方で，このような理想化された動作条件の枠組みは動作特性の見積もりに必須の近似であり，有効な解析手法であるといえる．(2.57) 式は，金属のような場合を想定した (2.52) 式と同じ形をしているが，複雑な半導体の場合に対応してより多くの理想的な条件を仮定せざるを得なかった．実際の素子では，それらの仮定の妥当性の程度に応じて与える結果に不確定さをもたらすことになる．しかし，上記したように実際の条件とのずれを実効的に取り込む道が開かれており，その意味では (2.57) 式は充分に有用な式といえる．

バリスティックな場合は $T_i(E)=1$ となる．ソースからドレインに向かってチャネルに注入されたキャリヤ，および逆にドレインからソースに向かってチャネルに注入されたキャリヤは，チャネル内で散乱を受けることなくそのまま目指す電極に流れ込んで吸収される．したがって，電流はキャリヤを注入するソースおよびドレインの熱平衡の分布関数だけで決まる．(2.47) 式を (2.57) 式に代入して積分するとバリスティックな場合の電流 I は

$$I=\frac{2qkT}{h}\sum_i \ln\frac{1+\exp[(\mu_S-E_i)/kT]}{1+\exp[(\mu_D-E_i)/kT]} \tag{2.58}$$

となる．この場合はチャネル内部のキャリヤの流れがソースおよびドレインから注入されたそのままであり，散乱のある場合のように複雑でなく，上記の理想的な条件がより妥当性を持つようになるといえる．実際の系では，多少の違いはあれキャリヤ散乱の効果が必ずあり，バリスティックな場合は実際に実現できない理想的な系に過ぎないといえる．しかし，ナノスケールの系においてチャネル長がキャリヤの平均自由行程よりも充分小さくなる場合は，キャリヤ輸送はバリスティックな場合にかなり近づくと予想される．

キャリヤ散乱は極めて複雑な現象であり，実際の場合に対応する透過確率をどのように評価し算出するかは，キャリヤ輸送の議論の大きなテーマである．キャリヤ散乱が起こらないとしたバリスティックな枠組みによって，デバイス特性のうちのどのような部分が説明されるのか，キャリヤ散乱がもたらす固有

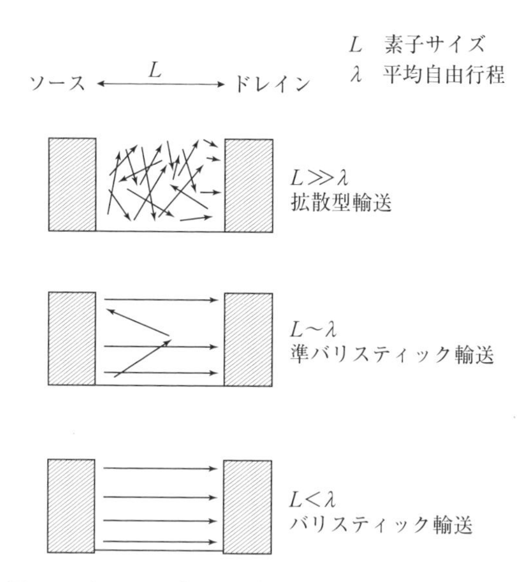

図 2.4 素子サイズと平均自由行程との大小関係により，キャリヤ輸送の様相が変わる

な効果とは何なのか，といった視点もまた実際に起こっている現象の理解に重要である．図 2.4 の上部の図のように，素子サイズ L がキャリヤの平均自由行程 λ より充分大きい系の内部では，キャリヤは極めて多数回の散乱を受けてキャリヤ速度が平衡値に達しているとされる．これは拡散型 (diffusive) のキャリヤ輸送と呼ばれ，移動度により与えられるキャリヤ速度の平均値を用いてよく系を記述できる．系が微細化されて，同じく図 2.4 中央の図のようにそのサイズが平均自由行程の大きさに近づくと，マクロなサイズの系に比べてキャリヤが系を通り抜けるまでに経る散乱の回数が大幅に減少する．バリスティックな輸送に近づいたこのような状況は準バリスティック輸送といわれて，拡散型輸送と異なった様相が期待される．同じ構造に作られた素子においても，実際に得られるデバイス特性が，マクロなサイズの素子に比べより大きくバラついて観測されるようになる．まずは，このような複雑なキャリヤ散乱の効果を除いておき，より単純明快であるバリスティックな輸送特性を考察しておくのがわかりやすい．次いで，それにキャリヤ散乱の効果による様々な様相を取り込んで付け加えて，準バリスティック領域のデバイス特性の理解を目指すのが，

素子特性の解明への上策といえる．

素子に電圧を印加して定常的に電流が流れる場合を考える．ミクロにみると，キャリヤのポテンシャル・エネルギーの大きい側から小さい側に向かってより多くのキャリヤが流れ続けている．この“キャリヤの流れの一方向性”は何から来ているだろうか．これまでの考察においては，いったんドレインに流れ込んだキャリヤは二度とチャネルに戻らずドレイン内に吸収される，とする理想電極の仮定を用いている．しかし，この仮定は人為的な色彩が強く，実際の素子でそのような機構がどのように構成されるか，は明らかではない．この仮定を考えなければ，ドレインの部分も通常の散乱にさらされるチャネルの部分と大きな差異はない．ソースからチャネルに注入されたキャリヤは散乱を受けて運動状態を変える．まず，弾性散乱のみによるキャリヤ輸送を考えよう．弾性散乱はキャリヤのエネルギーを変えないため，散乱されてもその速さは変化せず運動方向だけが変わる．キャリヤのポテンシャル・エネルギーが場所によって変化するため，その運動エネルギーは場所の関数となる．初期エネルギーが同じキャリヤは，どういうルートでその場所にたどり着き，どの方向に走ろうとも同じ速さとなる．一方向に走るキャリヤも，多数回のランダムな散乱を受ければその運動方向はランダムに近づき，その担う電流はその場の多くのキャリヤの間で平均すればごく小さくなってしまう．比較的サイズの大きな素子の定常電流の状態を考えれば，ソース端からドレインに向かってキャリヤが注入され続けても，そのキャリヤがソースを遠く離れるに従い多数回の散乱を経ることが避けられず，その場所でキャリヤが運び得る電流は極めて小さい値になっていく．一方，素子内での電流の連続性が成り立つので，これは定常電流が極めて小さくなるということを示す．ソースからこの地点までの間に多くのキャリヤがその運動の向きを変え，ソースの近くの点においてはチャネルに注入されるのとほとんど同じ数のキャリヤがチャネルからソースに流れ出していることになる．弾性散乱だけでは充分な大きさの定常電流を保持できない．

非弾性散乱によるキャリヤのエネルギー緩和を考慮すると状況が変わってくる．この場合は上と異なり，キャリヤが同じエネルギーを持ってソースからチャネルに注入されても，受ける散乱によりエネルギーが変化するため，同じ場所に到達したキャリヤの運動エネルギーはバラバラで，運動方向がランダムとなっても必ずしも電流がキャンセルしてゼロになるとは限らない．キャリヤのエネルギーの変化は別の側面をもたらす．図2.3にみるように，キャリヤのポテンシャル・エネルギーはソース側で大きくドレイン側では小さく，この勾配がソースからドレインへの電界を与える．ソースからチャネルに注入されたキャリヤが電界で加速されてドレイン側に移動するとき，図上水平に動いて全エネルギーは変わらないが，ポテンシャル・エネルギーはカーブに沿って減少するのでその分だけ運動エネルギーが増大する．非弾性散乱はキャリヤのエネルギーを増加させる場合と減少させる場合とがある．しかし，その発生確率は減少させる場合の方が大きく，その差分のエネルギーはエネルギー散逸としてフォノン系などに失われていく．ドレイン側に移動したキャリヤが非弾性散乱により運動エネルギーを失うと，やがてはそのエネルギー・レベルが出発点のソース電極のポテンシャル・エネルギーよりも下がってしまい，仮に弾性散乱などによりソースの方向に向きを変えて進んだとしてもソースに到達することはできない．ソース側にそびえるポテンシャルの壁によってドレイン側に跳ね返される．ドレイン側に進んだキャリヤは非弾性散乱によりさらにエネルギーを失い，最終的にはドレインに吸収されていく．すなわち，非弾性散乱を通じてソースからドレインに向かう定常的なキャリヤの流れが形成されることがわかる．エネルギーの散逸のない弾性散乱だけでは定常電流は形成されなかったが，非弾性散乱によるエネルギー散逸を導入するとこのような定常電流が形成され，ポテンシャル・エネルギーの高いソースから低いドレインに向かう電流の一方向性が確立することになる．

3

フラックスを用いたキャリヤ輸送の解析

微細系のキャリヤ輸送を解析するには，ソースからドレインへのキャリヤの透過確率を知る必要がある．チャネル中のキャリヤの集合は多大な自由度を持つ系であり，それがボルツマン方程式に従って複雑な運動を繰り返した結果，ソースからドレインへの電流を形成する．電流値が定常的なとき透過確率は一定値を保持し，それは $0 \leq T(E) \leq 1$ を満たす．これは，一般的にはソースから注入されたフラックスのうち，一部分をドレインに取り込み一部分をソースに跳ね返すことを意味する．ボルツマン方程式は複雑であり，キャリヤ散乱を正確に取り込んで解析的に解くことは一般的に可能ではない．モンテカルロ手法を用いて数値シミュレーションにより解くことは広く行われており，その手法は精度も高く大変に有用であるが，一定条件下の特定の解のみを与えるものであって，キャリヤ輸送の物理の理解や一般的な傾向の解析には隔靴搔痒の感を免れない．ボルツマン方程式を解析的に扱うには，2.1 節に紹介した緩和時間近似が極めて有力でかつ便利な方法である．それは，すでに述べたように散乱過程を非平衡から熱平衡状態への自己緩和の過程ととらえる．実際の散乱過程はキャリヤが多くの運動状態の間を遷移する過程であり，それぞれの運動状態は電流値に異なる寄与をする．最も単純化しても，電流方向の速度を持ち電流値に正の寄与をするキャリヤ・フラックスの状態と，電流と反対方向の速度を持ち電流値に負の寄与をするキャリヤ・フラックスの状態の 2 種類の状態があろう．後方散乱はこれら 2 種類のフラックス間の相互作用をもたらす．一般に，運動量の変化のみをもたらす弾性散乱以外にエネルギーの緩和をもたらす非弾性散乱もあり，種類の異なる散乱過程はキャリヤの運動状態に対し異なる効果をもたらす．このような極めて自由度の大きな運動過程を緩和時間という

単一のパラメタにまで還元してしまう緩和時間近似は，熱平衡からのずれがごく小さい系の場合を除けば，その著しい簡略化の妥当性には多少の疑問が残る．

1961年にMcKelvy等はフラックス理論を提唱した[18,19]．試料の中のキャリヤの流れをフラックスととらえ，試料中の散乱体によるフラックスへの効果を，有効的なフラックスの反射率や透過率，吸収率などにより表して，フラックス方程式を導き，解いてキャリヤ輸送を解析する方法である．そのキャリヤの流れは，反射率により規定される散乱によって反転して逆方向の流れに変化し，再度の反射でまた順方向の流れに変わって電流に寄与する，などのフラックスの多重反射を取り入れることができる．上記の緩和時間近似に比べると大きな進歩といえる．しかし，電極から電極に向かう1次元のキャリヤ・フラックスに，個々のキャリヤの3次元的な運動をどのように関連付けるかなど，具体的な系に適用して精度のある議論を展開するには課題も多い．1次元系の議論に限られる場合には，結果を現実の3次元系に対して適用しても定量的な妥当性は期待できない可能性が高い．しかしその場合でも，その系の輸送を支配する物理機構の定性的な解析や理解には充分に有効である．本章では微細系の輸送に対してフラックス理論を適用して，その物理機構の解析を行う．

3.1　完全にエネルギー緩和するキャリヤ輸送[20,21]

試料に印加された電界が充分に小さい場合は，電界による加速によってキャリヤが得る運動エネルギーの増加分は小さく，その増加エネルギーは散乱されるごとにすべて格子系に散逸されると考えられる．キャリヤのエネルギーは散乱直後の熱平衡状態のエネルギーから，電界に加速されてしだいに熱平衡からずれ，また次の散乱により熱平衡のエネルギーに戻ることを繰り返す．一周期間の平均エネルギーはキャリヤの輸送に伴い流れに沿って一定で，加速の寄与がある分だけ熱平衡エネルギーよりわずかに大きい値となる．2.1節でボルツマン方程式に緩和時間近似を導入したが，(2.13) 式の意味するところは分布関数$f(\mathbf{r}, \mathbf{k})$ が緩和時間τという時間に熱平衡状態$f^0(\mathbf{r}, \mathbf{k})$ に向かってエネルギー緩和するというものであった．したがって，ここに想定されているキャリ

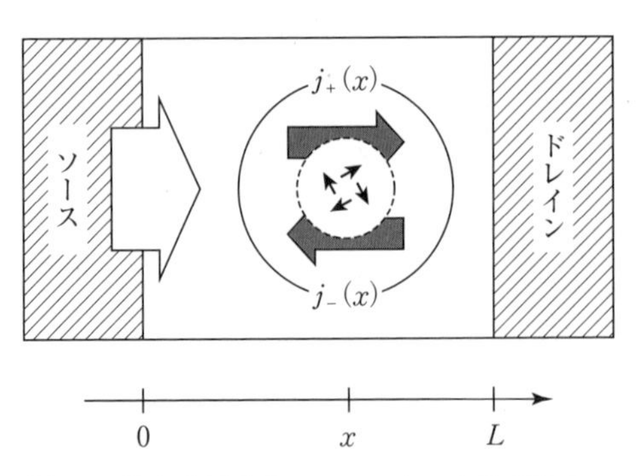

図 3.1　流れを正方向のフラックスと負方向のフラックスとに分解して考える

ヤ系は，緩和時間近似の成り立つ系と等価な系であることになる．

従来と同じく，図 3.1 のようにソース電極からドレイン電極に向かうキャリヤの定常的な流れを想定する．流れはその断面が充分に大きく，断面積内は一様であるとする．マクロにみれば左端の矢印のような 1 次元の流れであるが，ミクロにみれば中の図のように，様々な方向に走るキャリヤが加速されたり散乱されたりの繰り返しであろう．ソースからドレインに向かう方向に x 座標をとり，流れ内のある点（座標 x とする）の近傍のキャリヤのうち，x 方向の速度成分が正であってドレインに向かうキャリヤのみからなるフラックスの大きさを $j_+(x)$ としよう．逆に x 方向の速度成分が負でありドレインからソースに向かうキャリヤのフラックスの大きさを $j_-(x)$ とする．これらのフラックスの，それぞれ流れる方向の平均の速さを $v_\pm$ とすると，上記の議論からこの値は一定となる．両フラックスのキャリヤ濃度はそれぞれ $j_+(x)/v_+$ および $j_-(x)/v_-$ で与えられる．これら二つのフラックスは，速度方向が反転するようなキャリヤ散乱により相互にキャリヤを交換する．例えば $j_+(x)$ に含まれるある $v_x>0$ の状態を考えよう．この状態から散乱される相手先には $v_x \geq 0$ の状態と $v_x<0$ の状態とがあり得る．散乱は等方的と想定してこれらの 2 状態への散乱確率が等しいとすると，この状態からの全散乱確率を $(1/\tau)$ とするとき，速度が反転して $v_x<0$ の状態に遷移する確率は $(1/2\tau)$ となる．同様に考えると，$j_-(x)$ に含まれるある $v_x<0$ の状態から速度が反転する $v_x \geq 0$ の状態への散乱確率も $(1/2\tau)$ となる．

フラックス内の x 点近傍に，単位断面積で x 方向に dx の長さの部分を考える．

$$j_+(x+dx)-j_+(x)=\frac{dj_x}{dx}dx \tag{3.1}$$

は，フラックス $j_+(x)$ を通じて単位時間にこの部分から外に流れ出るキャリヤ数である．定常状態におけるキャリヤの保存を考慮すると，これは散乱により $j_-(x)$ の状態から $j_+(x)$ に遷移してくるキャリヤ数から，逆に $j_+(x)$ から $j_-(x)$ に遷移していくキャリヤ数を差し引いた，正味に $j_-(x)$ から $j_+(x)$ に転ずるキャリヤ数

$$\frac{1}{2\tau}\left(\frac{j_-(x)}{v_-}dx-\frac{j_+(x)}{v_+}dx\right) \tag{3.2}$$

に等しくなる．同様な関係を $j_-(x)$ に対しても導き，それぞれ等置して dx を払うと，

$$\frac{dj_+(x)}{dx}+\frac{1}{2\tau}\left(\frac{j_+(x)}{v_+}-\frac{j_-(x)}{v_-}\right)=0 \tag{3.3}$$

$$-\frac{dj_-(x)}{dx}+\frac{1}{2\tau}\left(\frac{j_-(x)}{v_-}-\frac{j_+(x)}{v_+}\right)=0 \tag{3.4}$$

というペアのフラックス方程式を得る．(3.4) 式の場合は $j_-(x)$ が負方向の速度を持つため (3.1) 式に対応する量に負符号が付くことに注意する．このフラックス方程式は連続の方程式が姿を変えたものであり，McKelvy 等の議論した式と等価であるといえる．

このフラックス方程式は1階の連立偏微分方程式であり，$0 \leq x \leq L$ 間の解を求めてみよう．系には x 方向に一様な電界 F が印加されているとし，境界条件として左右の端点 $x=0$ および $x=L$ から系に注入されるフラックス，$j_+(0)=j_{+0}$ および $j_-(L)=j_{-L}$ が与えられているとしよう．まず，(3.3) 式および (3.4) 式を辺々相加えると散乱の項はキャンセルして消え，残った式を積分すると

$$j_+(x)-j_-(x)=\text{一定数} \tag{3.5}$$

という関係，すなわち流れに沿って正味のフラックスが保存される連続の方程式の主張そのものが得られる．(3.3) 式および (3.4) 式の差から得られる式に，

$$j_+(x) = \frac{1}{2}[\{j_+(x) + j_-(x)\} + \{j_+(x) - j_-(x)\}] \tag{3.6}$$

$$j_-(x) = \frac{1}{2}[\{j_+(x) + j_-(x)\} - \{j_+(x) - j_-(x)\}] \tag{3.7}$$

を代入して（3.5）式の関係を用いると$\{j_+(x) + j_-(x)\}$に関する1階の微分方程式が得られる．この微分方程式を解き，その結果と（3.5）式を（3.6）式および（3.7）式に代入すると，$j_+(x)$ および$j_-(x)$ とが二つの積分定数を含んだ形に求められる．これら二つの積分定数を $x=0$ および $x=L$ の境界条件を用いて決めると，一般的な解が得られる．すなわち $B_\pm = 1/(2\tau v_\pm)$ とおいて，

$$j_+(x) = \frac{(j_{+0}B_+ - B_- j_{-L})\exp[(B_- - B_+)x] + B_-\{j_{-L} - j_{+0}\exp[(B_- - B_+)L]\}}{B_+ - B_- \exp[(B_- - B_+)L]} \tag{3.8}$$

$$j_-(x) = \frac{(j_{+0}B_+ - B_- j_{-L})\exp[(B_- - B_+)x] + B_+\{j_{-L} - j_{+0}\exp[(B_- - B_+)L]\}}{B_+ - B_- \exp[(B_- - B_+)L]} \tag{3.9}$$

となる．ここで $v_\pm$ についてみておこう．散乱の直後はキャリヤが完全にエネルギー緩和し，その運動エネルギーの平均値は熱エネルギーに等しくなる．キャリヤのエネルギー分布をボルツマン分布と想定し，その速度の分布のうち正の速度の値を持つキャリヤのみを取り出して，その速度の平均値を求めると

$$v_0 = 2\int_0^\infty \frac{dk_x}{2\pi}\int_{-\infty}^\infty \frac{dk_y}{2\pi}\int_{-\infty}^\infty \frac{dk_z}{2\pi}\frac{\hbar k_x}{m}f_0(\mathbf{r}, E) \Big/ 2\int_0^\infty \frac{dk_x}{2\pi}\int_{-\infty}^\infty \frac{dk_y}{2\pi}\int_{-\infty}^\infty \frac{dk_z}{2\pi}f_0(\mathbf{r}, E)$$

$$= \sqrt{\frac{2k_B T}{\pi m}} \tag{3.10}$$

という値が得られる．ここに$f_0(\mathbf{r}, E)$は(2.21)式を用い，エネルギーEは(2.19)式により k_x, k_y, k_z の関数として与えられるとした．この値も，いわゆる熱速度といわれる速度のひとつである．次いでキャリヤは一定加速度 qF/m で加速されて速度が変化していき，散乱時間 2τ のちに再度散乱されてまた熱速度に戻るとする．速度の時間平均をとると，それを用いて電界があまり大きくない場合にはフラックス $j_\pm$ の平均の速さの値は

$$v_\pm = v_0 \pm \frac{qF\tau}{m} \tag{3.11}$$

と表すことができよう．この場合，キャリヤ密度 $n(x)$ は

$$n(x)=\frac{j_+(x)}{v_+}+\frac{j_-(x)}{v_-} \tag{3.12}$$

であるから，

$$\frac{dn(x)}{dx}=\frac{1}{v_+}\frac{dj_+(x)}{dx}+\frac{1}{v_-}\frac{dj_-(x)}{dx} \tag{3.13}$$

となる．これに (3.3)，(3.4) 式を代入すると $dn(x)/dx$ を $j_+(x)$ と $j_-(x)$ の線型結合として表した式が得られる．この式と (3.12) 式とを連立させて $j_+(x)$ および $j_-(x)$ について解くと，これらのフラックスを $n(x)$ および $dn(x)/dx$ の線型結合として表した式を得ることができる．これにより，ソースからドレインへの正味の電流密度は

$$i=q\{j_+(x)-j_-(x)\}=qn(x)\frac{v_+-v_-}{2}-qv_+v_-\tau\frac{dn(x)}{dx} \tag{3.14}$$

となるが，(3.11) 式を用いるとこれは

$$i=qn(x)\frac{q\tau}{m}E-q\tau v_0^2\frac{dn(x)}{dx}-q\tau\left(\frac{q\tau}{m}E\right)^2\frac{dn(x)}{dx} \tag{3.15}$$

と書くことができる．電流を流す“駆動力”は電界とキャリヤの密度勾配であるが，右辺の第1項と第2項がそれぞれこれらに線型であるのに対し，第3項はより高次の寄与となっている．電界が大きくない範囲では高次の項の寄与は小さいと仮定できるので，電流の主要部分は

$$i=qn(x)\frac{q\tau}{m}E-q\tau v_0^2\frac{dn(x)}{dx} \tag{3.16}$$

という表現に帰着し，2.1 節で議論したドリフト・拡散電流の形に一致してくる．すなわち，移動度は

$$\mu=\frac{q\tau}{m} \tag{3.17}$$

であり，拡散定数は

$$D=\tau v_0^2 \tag{3.18}$$

と認められる．拡散定数の値は，通常の値と係数がやや異なっている．(3.10) 式を用いるとアインシュタインの関係式は

$$D=\frac{k_{\rm B}T\mu}{q}\frac{2}{\pi} \tag{3.19}$$

と，(2.32) 式に比べて1に近い係数が掛かった式が得られる．数値係数がわずかに異なる原因はよくわからないが，図3.1のような3次元運動しているキャリヤの運動を，散乱時間を (1/2τ) としたり，熱速度に (3.10) 式を用いたりなど，特定の方向に投影した量を用いて議論したことに起因している可能性もある．しかし，もともと近似を用いて物理の把握を意図している議論であり，本質的な問題ではない．

このように，ドリフト・拡散電流は熱平衡からのずれがごく小さい場合に実現されるキャリヤ輸送の姿であることがわかる．一方，2.2節でナノスケール素子の解析に導入した透過確率による解析方法は，非平衡性の大きな系にも適用できる一般性の高い方法である．これら二つの方法がどのようにつながるか，その接点は必ずしも明らかでない．しかし，フラックス方程式を用いた議論によれば，古典的なドリフト・拡散電流を透過確率という見方から眺めることが可能となる．透過確率は，ソースからチャネルにキャリヤが注入されるとき，そのうちどのくらいの割合がドレインまで輸送されるかを表す．それは (3.6) 式によれば，ドレイン側からチャネルへ注入されるフラックス j_{-L} がゼロであるときに，ソースから注入されるフラックス j_{+0} のうちのドレインに流れ込むフラックス $j_{+}(L)$ の占める割合であり，

$$T=\left.\frac{j_{+}(L)}{j_{+0}}\right)_{j_{-L}=0}=\frac{(B_{+}-B_{-})\exp[(B_{-}-B_{+})L]}{B_{+}-B_{-}\exp[(B_{-}-B_{+})L]} \tag{3.20}$$

と与えられる．(3.14) 式の導出の際も考慮された，$v_0 \gg qF\tau/m$ という仮定をおくことにしよう．これは，熱運動しているキャリヤが散乱までの間に電界で加速されて得る速度増加量が，熱速度に比べて充分小さいことを意味し，散乱が充分に頻回に起きるため散乱の間に大幅に加速されてしまうことはないという仮定である．このとき $B_{\pm}$ の表式から $B_{-}-B_{+}\approx qF/mv_0^2$ といえる．このときは，$v_{+}\sim v_{-}\sim v_0$ であり，$B_{+}/B_{-}=v_{-}/v_{+}\approx 1-2(qF\tau/m)/v_0$ となる．ドリフト電流の場合は，チャネルの両端のポテンシャル差が熱エネルギーに比べて充分大きいとみなして，$(B_{-}-B_{+})L\approx qFL/mv_0^2 \gg 1$ とおいて差し支えない．この場合 (3.20) 式の指数関数項が支配的に大きくなり，分子分母でキャンセル

して

$$T \approx 1 - \frac{B_+}{B_-} \approx 2\left(\frac{q\tau}{m}F\right)\frac{1}{v_0} \ll 1 \tag{3.21}$$

となる．すなわち，透過確率は移動度で決まるドリフト速度と熱速度との比程度の大きさで，系のサイズによらない．電界に比例して電流が増加することに対応して，電界に比例する．例えばシリコンの移動度を 1400 cm^2/Vs として 500 V/cm の電界を印加した場合，熱速度を 10^7 cm/s として 0.13 程度の値になる．

一方拡散電流の場合は電界がごく小さい場合の透過確率をみればよく，前項とは逆に $(B_- - B_+)L \approx qFL/mv_0^2 \ll 1$ とおいて差し支えない．この場合は(3.20)式の指数関数項を $(B_- - B_+)L$ の第 1 項まで展開して，$B_-L \approx B_+L \approx L/2\tau v_0 \gg 1$ であることを考慮すると

$$T \approx \frac{2\tau v_0}{L} \ll 1 \tag{3.22}$$

の関係が得られる．$2\tau v_0$ はキャリヤの平均自由行程なので，透過確率はキャリヤの平均自由行程と系のサイズとの比程度の値をとり，系のサイズに反比例する．この場合も上の移動度を想定して T の値を推定すると $L = 1\ \mu m$ ならば 0.04 程度の値となることがわかる．

(3.16) 式のドリフト・拡散電流のベースとなる完全なエネルギー緩和の枠組みが，どの程度の高電界まで妥当か見積もってみよう．(3.11) 式から $j_+(x)$ と $j_-(x)$ を平均するとキャリヤの平均速度は $q\tau F/m$ であり散乱時間 2τ の間に電子が電界から得るエネルギーは $qF \cdot (q\tau F/m) \cdot 2\tau$ である．一方，電子が一回の散乱で吸収・放出するフォノンのエネルギーは，低電界で熱電子に対して支配的な音響フォノン散乱の場合数 meV であろうが，ここでは簡単に $0.1\,k_B T$ としてみよう．このときフォノン散乱の確率はフォノンの平均数[17]

$$\langle N \rangle = \frac{1}{\exp(\hbar\omega/k_B T) - 1} \tag{3.23}$$

を用いて，放出の場合は $(\langle N \rangle + 1) \sim 10.5$ に，また吸収の場合は $\langle N \rangle \sim 9.5$ に比例する．電子は 1 回のフォノン散乱当たり $0.1\,k_B T \times (10.5 - 9.5)/(10.5 + 9.5) = 0.005\,k_B T$ だけのエネルギーを平均的にフォノン系に緩和して失う．完

全なエネルギー緩和が成り立つために，電子が電界から得るエネルギーがフォノン系に緩和するエネルギーより小さいとおいて，対応する電界の範囲を求めると常温では

$$F \leq 490 \text{ V/cm} \tag{3.24}$$

が得られる．この電界範囲ならば電子系は熱平衡近くに保持され得るが，より大きな電界の値に対しては，電子系が充分にエネルギーを緩和しきれず，ドレイン側でホット・キャリヤが発生する可能性がある．

3.2　弾性散乱系のキャリヤ輸送[21)]

印加電界が増大して，キャリヤが電界から得たエネルギーをフォノン系に充分に緩和できなくなると，ソースからドレインに向かってキャリヤの運動エネルギーが増加し，いわゆるホット・キャリヤが発生する．弾性散乱が頻繁に起こるなら，キャリヤの運動量は充分にランダマイズされると考えられる．弾性散乱が支配的で，エネルギー緩和・散逸が小さく，いわゆるホット・キャリヤが発生する場合のキャリヤ輸送がどのような様相を示すか調べるために，弾性散乱のみでエネルギー緩和のない系のキャリヤ輸送を，フラックス方程式を用いて解析する．系内は，x 方向に一定電界 F が印加され，この方向と垂直な2次元方向には一様で等方的と仮定する．試料中のキャリヤの運動は3次元だがフラックスは電界方向の1次元の量を扱うこととなる．ここではじめに，簡単のため電界に平行な方向の運動と電界に垂直な方向の運動との間の相関を無視して，電界方向の1次元の運動のみを考察する．電界に垂直な方向の運動は当初のランダムな熱運動がそのまま保持されるとして，その運動エネルギーも平均速度も変化しないとする．これによりキャリヤは電界によって加速されて電界方向の速度成分や運動エネルギーが増加する．弾性散乱は与えられた確率で電界方向の速度成分を反転させる．実際の3次元の場合は電界方向に加速されると，運動エネルギーの増加が弾性散乱を通じて電界に垂直な方向の運動へも分配されるので，電界方向の運動エネルギーの増加はより少なくなるが，そのような効果はとりあえず無視しよう．

キャリヤがソースから注入されて，一定電界 F が印加されたチャネル内を弾

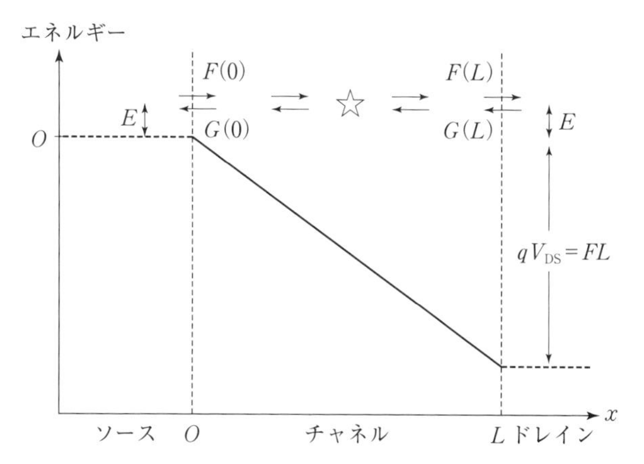

図 3.2　一様電界 F が印加された半導体内のポテンシャル・エネルギー・プロファイル（弾性散乱のみの場合）
フラックス関数 $F(x)$ と電界 F を混同しないこと．

性散乱を受けながらドレインに向かい駆動される場合，素子内のキャリヤのポテンシャル・エネルギーのプロファイルは図 3.2 のようになる．チャネル長を L とするとドレイン電圧は (FL) で与えられる．ドレインに向かってポテンシャル・エネルギーは減少するが，その分運動エネルギーが増加してキャリヤの総エネルギーは一定に保たれる．キャリヤの運動は 1 次元のボルツマン方程式

$$\frac{q}{\hbar}F\frac{\partial f(x,k)}{\partial k}+\frac{\hbar k}{m}\frac{\partial f(x,k)}{\partial x}+B\{f(x,k)-f(x,-k)\}=0 \qquad (3.25)$$

で記述される．$f(x,k)$ は x,k の 2 次元位相空間内で定義される分布関数を示す．左辺の B を含む項の部分は（2.11）式において $(\partial f/\partial t)_{\text{col.}}$ を左辺に移したもので，弾性散乱によって単位時間に分布関数が変化する割合を示す．B は二つの状態（x,k）と（$x,-k$）の間の弾性散乱による遷移確率である．$f(x,k)$ に比例する項は（x,k）から（$x,-k$）に散乱されて $f(x,k)$ が減少する項であり，$f(x,-k)$ に比例する項は（$x,-k$）から（x,k）に散乱されて $f(x,k)$ が増加する項である．もともとの 3 次元の分布関数は対称性のため座標 x, k_x およびそれに垂直な $k_\perp$ とに依存する $f(x,k_x,k_\perp)$ という形で与えられ，ここで用いる 1 次元の分布関数とはスピンを考慮して

$$f(x,k)=2\int f(x,k,k_\perp)\frac{k_\perp dk_\perp d\theta}{(2\pi)^2} \qquad (3.26)$$

という関係で結ばれている．θ は垂直面内の角度方向を表す．(3.25) 式の B は k_x が反転する散乱の確率を示し，3 次元空間の散乱が等方的でその散乱時間を τ_e とするならば，$B=1/(2\tau_e)$ ととればよい．(3.25) 式は 1 次元のボルツマン方程式だが，それでも x, k 二つの変数を持つ．しかし，実際は散乱も含めてエネルギーが保存されるため，粒子の運動は x, k の 2 次元位相空間内に描かれた放物線内に閉じ込められ，1 次元の問題となる．ソースの端 $x=0$ におけるキャリヤの運動エネルギーを E とおくと，電界 F による運動エネルギーの増加を考慮してこの放物線の軌跡は

$$\frac{\hbar^2 k^2}{2m} - qFx - E = 0 \tag{3.27}$$

を満たす．x を与えるとこの関係から k の値が定まるので，電界方向に進む正速度のキャリヤに対応する分布関数 $f(x, |k|)$ は，量子力学で用いられる δ 関数 $\delta(x)$ および x の関数 $F(x)$ を用いて

$$f(x, |k|) = hF(x)\delta\left(\frac{\hbar^2 k^2}{2m} - qFx - E\right) \tag{3.28}$$

という形に表すことができる．ここに h は普通のプランク定数を示す．関数 $F(x)$ と電界とに同じ記号を用いたが，混同しないように．同じく，電界の向きと逆方向に進む負速度のキャリヤに対応する分布関数 $f(x, -|k|)$ は x の関数 $G(x)$ を用いて

$$f(x, -|k|) = hG(x)\delta\left(\frac{\hbar^2 k^2}{2m} - qFx - E\right) \tag{3.29}$$

という形に表せる．これらの関係を $f(x, |k|)$ および $f(x, -|k|)$ に関するそれぞれの (3.25) 式に代入して計算すると

$$\frac{\hbar|k|}{m}\frac{dF(x)}{dx} + B\{F(x) - G(x)\} = 0 \tag{3.30}$$

$$-\frac{\hbar|k|}{m}\frac{dG(x)}{dx} + B\{G(x) - F(x)\} = 0 \tag{3.31}$$

というペアの関係式を得る．左辺の $|k|$ を (3.27) 式を用いて x で表すと x の関数 $F(x)$ および $G(x)$ に対するペアの方程式

$$\sqrt{\frac{2(qFx+E)}{m}}\frac{dF(x)}{dx} + B\{F(x) - G(x)\} = 0 \tag{3.32}$$

$$-\sqrt{\frac{2(qFx+E)}{m}}\frac{dG(x)}{dx}+B\{G(x)-F(x)\}=0 \tag{3.33}$$

を得る．$F(x)$，$G(x)$ の意味を探るため，それぞれ正速度，負速度のキャリヤ・フラックスの大きさを算出しよう．δ 関数を含む積分は，方程式 $g_1(x)=0$ が $x_1<x<x_2$ 間に単一の解 x_0 を持つとき

$$\int_{x_1}^{x_2} g_2(x)\delta(g_1(x))\,dx=\frac{g_2(x_0)}{g_1'(x_0)} \tag{3.34}$$

と計算される．(3.34) 式を用いて正速度を持つキャリヤからなるフラックス，および負速度を持つキャリヤからなるフラックスはそれぞれ

$$\int_0^{\infty} f(x,k)\frac{\hbar k}{m}\frac{dk}{2\pi}=F(x) \tag{3.35}$$

$$\int_{-\infty}^{0} f(x,k)\frac{\hbar k}{m}\frac{dk}{2\pi}=-G(x) \tag{3.36}$$

と算出される．すなわち，$F(x)$ および $G(x)$ がそれぞれ正速度および負速度のフラックスの大きさを与えている．これらを求める方程式 (3.32) および (3.33) は，(3.3) および (3.4) 式と類似なフラックス方程式であることがわかる．x 点におけるキャリヤ密度 $n(x)$ は

$$n(x)=\int_{-\infty}^{+\infty} f(x,k)\frac{dk}{2\pi}=\sqrt{\frac{m}{2(qFx+E)}}\{F(x)+G(x)\} \tag{3.37}$$

となり，$F(x)$ および $G(x)$ が与えられれば求まる．(3.32) および (3.33) 式を解くのは一見複雑そうにみえるが，変数を x から次の s に変換し，

$$s=\sqrt{qFx+E} \tag{3.38}$$

簡単のため，s の関数となった $F(x)$ および $G(x)$ を同じ $F(s)$ および $G(s)$ で表すことにすると，(3.32) および (3.33) 式は

$$\frac{qF}{\sqrt{2m}}\frac{dF(s)}{ds}+B\{F(s)-G(s)\}=0 \tag{3.39}$$

$$-\frac{qF}{\sqrt{2m}}\frac{dG(s)}{ds}+B\{G(s)-F(s)\}=0 \tag{3.40}$$

と変形される．これらは基本的に (3.3)，(3.4) 式と同じ形をしているが，より容易に解くことができる．すなわち両式を辺々足し合わせて正味のフラックスを与える $\{F(s)-G(s)\}$ が s によらない一定数となることが示され，また両

式の辺々の差の与える式にその結果を用いると$\{F(s)+G(s)\}$がsの1次関数となることがわかる．この二つの量の和と差から$F(s)$ および$G(s)$ が求められる．境界条件は，チャネルの端の$x=0$および$x=L$でそれぞれ，$F(0)$ および$G(L)$ の値を与える．これに対応して，(3.38) 式で定められるsの値に関する境界条件が定まる．チャネルの両端のそれぞれから流入するフラックスの値を与えれば，定常状態では両端から流出するフラックスの大きさ，およびチャネル内部のフラックス分布が決まるからである．sの関数として得られた解をxの関数に書き直して

$$F(x)=\frac{[qF+\sqrt{2mB^2}(\sqrt{qFL+E}-\sqrt{qFx+E})]F(0)-\sqrt{2mB^2}(\sqrt{E}-\sqrt{qFx+E})G(L)}{qF+\sqrt{2mB^2}(\sqrt{qFL+E}-\sqrt{E})} \tag{3.41}$$

$$G(x)=\frac{\sqrt{2mB^2}(\sqrt{qFL+E}-\sqrt{qFx+E})F(0)+[qF-\sqrt{2mB^2}(\sqrt{E}-\sqrt{qFx+E})]G(L)}{qF+\sqrt{2mB^2}(\sqrt{qFL+E}-\sqrt{E})} \tag{3.42}$$

という表式が得られる．ソースからチャネルに流入したキャリヤがドレインに達する透過係数$\bar{T}$は，ドレインからの流入がゼロのとき，すなわち$G(L)=0$としたときの流入・流出の比

$$\bar{T}=\left.\frac{F(L)}{F(0)}\right|_{G(L)=0} \tag{3.43}$$

で与えられ，上の解を用いて

$$\bar{T}=\frac{qF}{qF+\sqrt{2mB^2}(\sqrt{qFL+E}-\sqrt{E})} \tag{3.44}$$

となることがわかる．この表式は複雑だが，それは何を意味しているのだろうか．この透過係数を電界に対してプロットするとp.45に示す図3.3のようになる．条件はシリコンを想定して，$B=2.5\times10^{12}\ \mathrm{s}^{-1}$，$m=0.26m_0$，$E$は$k_\mathrm{B}T\approx0.025\ \mathrm{eV}$にとってある．(3.44) 式から極低電界（$F\ll k_\mathrm{B}T/(qL)$）では電界依存性が消失し，逆に極高電界では1に収束する．1に収束するのは下記の議論からもわかるようにバリスティックなキャリヤ輸送に近づくからである．

図3.2の示す通りチャネル中は電界が一定で，もしキャリヤ散乱が起こらなければキャリヤの運動は等加速運動となる．ニュートン力学の教える通り，こ

のとき，時刻 $t=0$ に $x=0$ にいたキャリヤが，時刻 t に $x=x$ まで到達するならば

$$x=\sqrt{\frac{2E}{m}}\,t+\frac{qF}{2m}t^2 \tag{3.45}$$

の関係がある．$t=0$ の初速度は $\sqrt{2E/m}$ である．これから，$x=0$ における運動エネルギー E のキャリヤが散乱を受けなかった場合に $x=L$ まで到達するのに要する時間（チャネルの通過時間）$\Delta t^E_{0\to L}$ の表現を求めることができる．より一般的な表式

$$\Delta t^E_{x_1\to x_2}=\frac{\sqrt{2m}\,(\sqrt{qFx_2+E}-\sqrt{qFx_1+E})}{qF} \tag{3.46}$$

を用い，散乱確率 B を散乱時間の形に書いて $\tau_c=1/B$ とおくと（3.44）式は書き直されて

$$\bar{T}=\frac{\tau_c}{\tau_c+\Delta t^E_{0\to L}} \tag{3.47}$$

と簡単化される．この形に書くと透過確率の意味は明確となる．チャネル長が充分に短く $\tau_c \gg \Delta t^E_{0\to L}$ となる場合は，キャリヤがチャネル中で散乱される確率は大変小さく，（3.47）式の示す通り透過確率はほとんど1に等しくなる．いわゆるバリスティックなキャリヤ輸送に当たる．逆に $\tau_c \ll \Delta t^E_{0\to L}$ の場合はキャリヤはチャネル中で何度も散乱を受ける．その回数は（$\Delta t^E_{0\to L}/\tau_c$）の値が大きいほど大きくなり，対応して透過確率も減少する．この傾向も（3.47）式に示されている．

電界がゼロの場合に透過確率がどうなるか．（3.44）式ではこの場合は値が定まらないが，（3.47）式では値を求めることができて，$\Delta t^E_{0\to L}$ はキャリヤがソースからドレインまで一定速度で走るのに要する時間となる．この一定速度を（3.47）式の分子・分母に掛ければ，$\Delta t^E_{0\to L}$ のところはチャネル長 L となり，τ_c は平均自由行程（λ と書こう）となって，

$$\bar{T}=\frac{\lambda}{\lambda+L} \tag{3.48}$$

と変形される．（3.47）式では τ_c の値を一定と想定しており，電界によりキャリヤが加速されて速度が変われば，平均自由行程の値が変化し得ることを前提

としている．一方(3.48)式は平均自由行程が一定値であることを想定しており，(3.47) 式の電界ゼロの場合から出てきた．実際の場合を考えると，τ_c も平均自由行程もともに必ずしも定数ではないだろう．この二つの表式の差は，散乱の影響を一定時間で表現するか，一定距離で表現するかの違いであり，どちらを用いても透過確率がこのような類似した組み合わせで表現できることがわかる．(3.48) 式は，準バリスティック MOSFET の動作に関連して S. Datta により導出された後出の (6.14) 式と一致している．

(3.44) 式は，チャネル内の電界が一定である場合しか適用できないが，実はポテンシャル・カーブが線型になってはいないある程度任意の電界分布に対して，(3.47) 式が適用できることが示される．条件は，散乱がなかったならば基本的にソースから注入されたキャリヤが反転することなくドレインに流入する，という場合に限られる．その一般的な場合を解いておこう．(3.30)，(3.31) 式の $\hbar|k|/m$ は各場所でキャリヤがチャネルに沿って走る速度 $v(x)$ であり，この (3.30)，(3.31) 式のペアは電界が一定でなく場所により変化している場合にも成立する．それは (3.3)，(3.4) 式の導出の経緯を，一定電界でない場合に当てはめれば理解できる．一定電界の場合は，この速度は (3.27) 式を用いて

$$v(x)=\sqrt{\frac{2}{m}(qFx+E)} \tag{3.49}$$

と表された．(3.45) 式で導入されたキャリヤの走行時間 t は

$$t=\int_0^x \frac{dx}{v(x)} \tag{3.50}$$

と表現することができて，$dx/v(x)=dt$ の関係がある．この関係を用いて (3.30)，(3.31) 式の変数を x から t に変換すると，

$$\frac{dF(t)}{dt}+B\{F(t)-G(t)\}=0 \tag{3.51}$$

$$-\frac{dG(t)}{dt}+B\{G(t)-F(t)\}=0 \tag{3.52}$$

となる．ここに，x の関数 $F(x)$，$G(x)$ を (3.50) 式を用いて t の関数に変換した関数を同じく $F(t)$，$G(t)$ と表現している．このペア方程式は(3.39)，(3.40)

式と類似だが，前回の一定電界の場合と異なり任意電界に対応している．解き方は（3.39），（3.40）式と同様な方法を用いることができる．$x=L$ に対応する t が $\Delta t^E_{0\to L}$ となることから，（3.41），（3.42）式で用いた境界条件を使用して得られる解

$$F(t)=\frac{F(0)\{1+B(\Delta t^E_{0\to L}-t)\}+G(L)Bt}{1+B\Delta t^E_{0\to L}} \tag{3.53}$$

を用いて（3.43）式から透過確率を求めると（3.47）式が得られる．

一定電界の場合に戻って（3.44）式の透過係数を，印加電界の関数としてプロットすると図3.3のようになる．一定のチャネル長の場合に電界を大きく増大させると（3.46）式から $\Delta t^E_{0\to L}$ がゼロに近づき，（3.47）式のように $\overline{T}$ は1に近づく．チャネル中で散乱される前にドレインに達してしまう確率が大きく，バリスティックなキャリヤ輸送に近くなる．一定電界を印加した状態でチャネル長を増大させていくと，ソースからドレインまでの間に受けなければならない散乱の数は単調に増大していく．1回の散乱当たり一定の割合で後方に跳ね返されるので，L が充分大きくなれば散乱をしのいでドレインにまで達するフラックスが大きく減少して透過係数がゼロに向かう．後述のように，チャネルに注入されるキャリヤのエネルギーは熱エネルギー k_BT 程度の大きさである

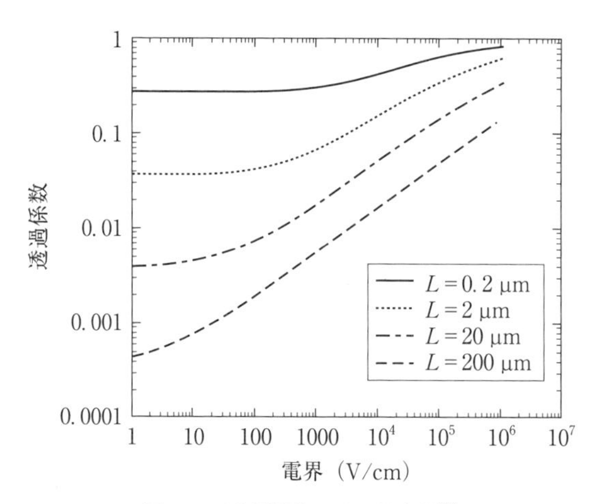

図3.3 透過係数の電界依存性[21)]
（3.44）式において，$B=2.5\times10^{12}\,\mathrm{s}^{-1}$，$m=0.26\,m_0$，$E=0.025\,\mathrm{eV}$（弾性散乱のみの場合）．

が，ソース・ドレイン間のポテンシャル・エネルギー差がこれより充分に大きく，またチャネル長が大きくソースからドレインまで多数回の散乱が起こる場合には，(3.44) 式の透過係数の表式は大きく簡単化される．$qFL \gg E$ の場合 (3.46) 式は $\Delta t_{0\to L}^{E} \approx \sqrt{2mL/qF}$ と近似され，また $\Delta t_{0\to L}^{E} \gg \tau_c$ なので (3.47) 式が簡単化されて

$$\bar{T} = \sqrt{\frac{qF}{2mB^2L}} \tag{3.54}$$

となる．この式よりも，上記の傾向が確認される．

系を流れる電流を見積もってみよう．$F(x)$ および $G(x)$ に対して正味のフラックスは $F(x)$ と $G(x)$ の差であるから，これらに対応する電流は (3.41)，(3.42) 式を用いて x によらない

$$I_E = q\{F(x) - G(x)\} = q\{F(0) - G(L)\}\bar{T} \tag{3.55}$$

という値に算出される．ソースおよびドレインからチャネルに注入されるフラックスを求めれば電流を計算できる．ソースおよびドレインはほとんど熱平衡状態にあるキャリヤ溜め（レザバー）と考えてよいだろう．一様かつ等方的なレザバーの中に座標軸を想定し，図 3.2 と合うようにソースからチャネルに向かう方向に x 軸をとる．ソース内に μ_S をフェルミ・レベルとするボルツマン分布

$$f_{\text{source}}(\mu_s, k, k_y, k_z) = \exp\left[\left(\mu_S - \frac{\hbar^2(k^2 + k_y^2 + k_z^2)}{2m}\right)\frac{1}{k_B T}\right] \tag{3.56}$$

を仮定すれば，ソース端のキャリヤ密度 n_0 は

$$n_0 = 2\iiint f_{\text{source}}(\mu_s, k, k_y, k_z)\frac{dkdk_ydk_z}{(2\pi)^3} = \frac{1}{\sqrt{2}}\left(\frac{mk_BT}{\pi\hbar^2}\right)^{3/2}\exp\left(\frac{\mu_S}{k_BT}\right) \tag{3.57}$$

と表される．チャネル方向の波数 k に対する 1 次元の分布関数，

$$\begin{aligned} f_{\text{source}}(\mu_S, k) &= 2\iint f_{\text{source}}(\mu_S, k, k_y, k_z)\frac{dk_ydk_z}{(2\pi)^2} \\ &= \frac{mk_BT}{\pi\hbar^2}\exp\left[\left(\mu_S - \frac{\hbar^2k^2}{2m}\right)\frac{1}{k_BT}\right] = \sqrt{\frac{2\pi\hbar^2}{mk_BT}}\, n_0 \exp\left(-\frac{\hbar^2k^2}{2mk_BT}\right) \end{aligned} \tag{3.58}$$

は，ソースからチャネルに注入されるキャリヤの分布を表すので，ソースからチャネルに注入されるフラックスのうち x 方向の運動エネルギーが E と (E

$+dE$）の間にある部分は単位断面積当たり

$$f_{\text{source}}(\mu_{\text{s}}, k)\frac{\hbar k}{m}\left(\frac{1}{2\pi}\frac{dk}{dE}\right)dE=\frac{n_0}{\sqrt{2\pi m k_{\text{B}} T}}\exp\left(-\frac{E}{k_{\text{B}} T}\right)dE \tag{3.59}$$

となる．これのフラックスが $F(0)$ に対応する．ドレインからチャネルへの注入に関しては，ドレインの分布関数が（3.56）式で μ_{S} をドレインのフェルミ・レベル

$$\mu_{\text{D}}=\mu_{\text{S}}-qV_{\text{DS}} \tag{2.49：再掲}$$

に置き換えた表式となるので，

$$f_{\text{drain}}(\mu_{\text{D}}, k)=f_{\text{source}}(\mu_{\text{S}}, k)\exp\left(-\frac{qV_{\text{DS}}}{k_{\text{B}} T}\right) \tag{3.60}$$

となり，$G(L)$ に対応する（3.59）式の表式は（3.59）式に $\exp(-qV_{\text{DS}}/k_{\text{B}}T)$ を掛けたものとなる．したがってチャネルを流れる電流密度は（3.55）式より

$$I=\frac{qn_0}{\sqrt{2\pi m k_{\text{B}} T}}\left\{1-\exp\left(-\frac{qV_{\text{DS}}}{k_{\text{B}} T}\right)\right\}\int_0^{\infty}\bar{T}\exp\left(-\frac{E}{k_{\text{B}} T}\right)dE \tag{3.61}$$

という形に求められる．具体的な電流の様子をみるために，（3.61）式を数値計算してプロットしてみよう．$n_0=2.5\times10^{14}\ \text{cm}^{-3}$ とし，300 K の場合の電流密度の電界依存性を評価すると図 3.4 のようになる．カーブは折れまがった特

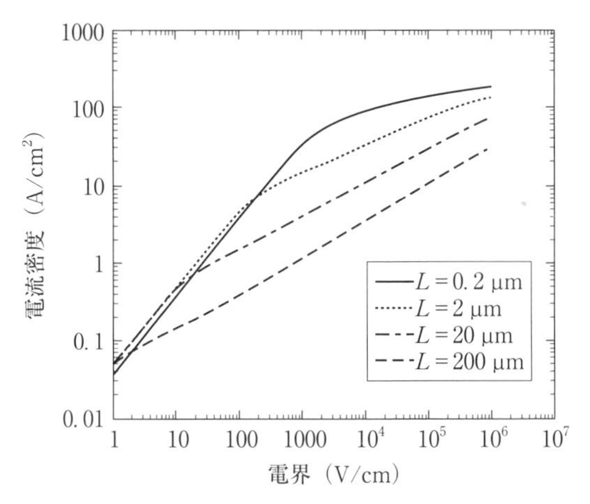

図 3.4　電流密度の電界依存性[21)]
$n_0=2.5\times10^{14}\ \text{cm}^{-3}$，300 K（弾性散乱のみの場合）．

性を示し，低電界側ではほぼ電界に比例し，高電界側では電界の平方根に比例する．さらに，チャネル長 L がごく短いときは高電界で一定に飽和する傾向もみられる．電界に比例する領域は，$V_{\mathrm{DS}} \ll k_{\mathrm{B}}T/q$ かつチャネル長が平均自由行程に比べ十分に大きいような極端な低電界であり，透過係数の電界依存性が小さくなる範囲に一致している．このような領域を除き（$qV_{\mathrm{DS}} \gg k_{\mathrm{B}}T$），透過確率のエネルギー依存性を無視して（3.54）式を用いると電流密度は，

$$I = qn_0 \frac{\sqrt{k_{\mathrm{B}}T}}{2\sqrt{\pi}\, mB} \sqrt{\frac{qF}{L}} \tag{3.62}$$

という形にまとめることができる．さらに高電界でバリスティック輸送に近くなると透過係数は $\bar{T} \approx 1$ となり，（3.61）式の示すように電流密度は電界によらなくなる．ソースからチャネルに注入され加速されたキャリヤのフラックスが，ほとんど後方散乱される間もなくそのままドレインまで輸送されるからである．

（3.62）式では電流密度が電界の平方根に比例しており，電界に比例するオームの法則は成立しない．しかも，それはオームの法則の場合のように局所的なパラメタだけでは記述できず，チャネルの長さのようなグローバルなパラメタに依存して変化する非局所的な量となっている．このような電界依存性は通常実測されるキャリヤ輸送にはみられない．一方前節で議論したように，完全にエネルギー緩和する系では実測と合うドリフト電流が導かれることを考えると，オームの法則の成り立つ現実の系ではエネルギー緩和が重要な役割を果たしていることが推測される．図 3.2 のように，弾性散乱されてエネルギーを失わないキャリヤは，後方散乱により運動の方向が反転されるとソース電極に戻る可能性があり，それは電流の減少をもたらす．一方，エネルギー緩和が起こる場合は，フォノンなどの系にエネルギーを渡してエネルギーを失ったキャリヤは，たとえ後方散乱で運動方向が反転してもエネルギー・レベルの高いソース電極に戻る可能性は抑えられる．後方散乱によるキャリヤの逆流は抑制され，電流のソースからドレインへの流れが助長される．キャリヤがエネルギーの高い電極からエネルギーの低い電極に向かって流れるという「時間の矢」は，キャリヤ系よりも“温度”の低いとされる“熱浴”へのエネルギー緩和により保証されることになる．

通常の実測にはみられないこのようなキャリヤ輸送のシステムを研究することは，意味がないように思われるかもしれない．しかし，デバイス特性の解析においてはそれを一概に無意味と決めつけるわけにいかない．複雑な構造体であるデバイスは様々な微細系からなる部分から構成されるのが普通である．極微細デバイスでは，例えば極めて短いチャネル部分がキャリヤ輸送のボトルネックとなり，そこでのキャリヤ輸送がデバイス特性を左右することはあり得ることである．短いチャネル内では頻度の高い弾性散乱は起こるが，エネルギー緩和は充分に起こらずドレインにホット・キャリヤが輸送されることがあり得る．比較的大きなキャリヤ溜めであるドレイン電極内でホット・キャリヤはエネルギー緩和して，最終的にはドレイン電極の準熱平衡状態に落ち着くことになる．このようなデバイス特性の解析を行うには，常に充分にエネルギー緩和するドリフト・拡散電流だけでは間に合わない．チャネル内では本節のような解析を行い，これとドレイン内でのエネルギー緩和の議論とを繋いで全体のデバイス特性を調べることが求められる．

この例はもうひとつ重要な微細デバイス解析の一面を示唆している．通常のデバイス特性解析では，透過確率などを用いてドレインに到達した電荷量を求めて電流値を計算する．これは，ドレインが理想電極であるという仮定をおき，ドレインはチャネルからドレインに突入してくるキャリヤを 100% 受け入れて，キャリヤをチャネルに弾き返すことはないと想定することによる．しかし，実際のドレイン電極は不純物や結晶欠陥などの散乱体も多く，弾性散乱が頻繁に起こると考えられるので，一部のキャリヤは後方散乱されて再びソース電極の方向に打ち出されると考える方が自然である．このキャリヤの流れは，キャリヤ溜めとしてのドレインからチャネルに注入される準熱平衡のキャリヤ流とは異なるものである．理想電極の仮定は便利であるが，このように考えれば，より実際に近い現実電極をベースとする取り扱いが求められることがわかる．極微細素子の動作特性を考えるには，理想電極の仮定を掲げてソースやドレインを切り離すことをやめて，ソースやドレインも含めた全体においてキャリヤ輸送がどのように行われるかを解析する必要がある．

3.3　弾性散乱に光学フォノン散乱を加えた系のキャリヤ輸送[22)]

前節でみた弾性散乱の系に，代表的なエネルギー緩和のルートである光学フォノン散乱を加えた系のキャリヤ輸送の振る舞いを調べよう．光学フォノン散乱は，シリコンの場合は 63 meV と大きなエネルギーのやり取りを伴う非弾性散乱で，速度飽和をもたらすとされる．前節と同様に素子内のキャリヤのポテンシャル･エネルギーのプロファイルを描くと図 3.5 のようになる．光学フォノン散乱のエネルギー $\hbar\omega_0$ は熱エネルギー（常温では約 25 meV）に比べ大きいとしてある．チャネル中の電界 F は簡単のため一定としてあり，ポテンシャル・エネルギーは一定勾配で低下する．もちろん実際のデバイスでは一定電界にはならないが，ごく短いチャネルの両端に一定のドレイン電圧が印加されるため電界が複雑に変化する可能性は小さく，第ゼロ近似としては一定電界を用いることができる．ソースからチャネルに注入されるキャリヤの運動エネルギー E は熱エネルギー程度の大きさと期待されるので，図 3.5 にみるようにチャネル入口近くではキャリヤの運動エネルギーが光学フォノンのエネルギー $\hbar\omega_0$ よりも小さく，したがって光学フォノンの放出によるエネルギー緩和は起

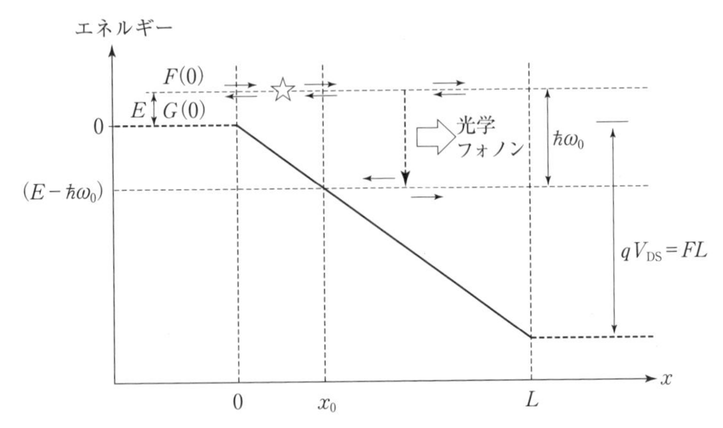

図 3.5　一様電界 F が印加された半導体内のポテンシャル・エネルギー・プロファイル
弾性散乱と光学フォノン放出とを想定した場合.

こり得ない．音響型フォノンによる散乱が支配的であるが，音響型フォノンの散乱では交換されるエネルギーが小さく，素子のシミュレーションでは近似的に弾性散乱とみなすことも多い．ここでもその近似を用いることにする．したがって，ソースからチャネルに注入される一定エネルギーのキャリヤに対してチャネル部分は分けられて，チャネル入口近くで運動エネルギーが $\hbar\omega_0$ より小さく弾性散乱のみ受ける領域（図上 $0 \le x \le x_0$ の部分，初期弾性散乱域と呼ぶ）と，ドレイン側で運動エネルギーが $\hbar\omega_0$ よりも大きく，弾性散乱および非弾性の光学フォノン散乱の両方に曝される領域（$x_0 \le x \le L$，光学フォノン散乱域と呼ぶ）とからなることがわかる．ここに x_0 は $x_0 = (\hbar\omega_0 - E)/F$ で与えられる．ソースから注入されたキャリヤは弾性散乱によりソースに後方散乱される可能性を有するが，いったん光学フォノン放出によりエネルギー緩和するとエネルギーがソース端における値よりも下がってしまう．そのキャリヤが再び光学フォノンを吸収して上部のエネルギー・レベルに上がる可能性は小さく，その後複雑な散乱過程を経るにせよ，最終的にはドレインに吸収されてドレイン電流に寄与することになると想定する．

初期弾性散乱域のキャリヤ輸送は原則として前節の (3.25) 式で記述される．したがってそれから導いたフラックス方程式の解は一般的には (3.41)，(3.42) 式で与えられるが，$\tau_c \equiv 1/B$ と (3.46) 式に示す表式とを用いることにより

$$F(x) = \frac{(\tau_c + \Delta t^E_{x\to x_0})F(0) + \Delta t^E_{0\to x}G(x_0)}{\tau_c + \Delta t^E_{0\to x_0}} \qquad (0 \le x \le x_0) \qquad (3.63)$$

$$G(x) = \frac{\Delta t^E_{x\to x_0}F(0) + (\tau_c + \Delta t^E_{0\to x})G(x_0)}{\tau_c + \Delta t^E_{0\to x_0}} \qquad (0 \le x \le x_0) \qquad (3.64)$$

という形に書き直すことができる．元の複雑な表式よりも具体的なイメージが浮かびやすいだろう．境界条件は $F(0)$，および $x = x_0$ における $G(x) = G(x_0)$ と，領域の両端から流入するフラックスの値が与えられているとする．

光学フォノン散乱域内では，弾性散乱に加えて光学フォノンによる非弾性散乱を考慮する．光学フォノン散乱の確率は周知のように光学フォノンの平均数[17)]

$$\langle N \rangle = \frac{1}{\exp(\hbar\omega_o/k_B T) - 1} \qquad (3.65)$$

に依存し，吸収確率は $\langle N \rangle$ に，放出確率は $(\langle N \rangle+1)$ に比例する．シリコンの光学フォノンエネルギー $\hbar\omega_0$ を 63 meV とすると常温では $\langle N \rangle$ は 0.1 以下になり，吸収確率に比べ放出確率が圧倒的に大きいことがわかる．これは光学フォノン散乱域内のキャリヤの流れにおいては，光学フォノンを放出してエネルギー緩和していく過程が大きく優勢であることを示す．したがってこの領域の光学フォノン散乱では放出のみを考慮することとする．前節と同様に 1 次元の近似計算を前提とすると，キャリヤが散乱されていく先の状態はエネルギーが $\hbar\omega_0$ だけ小さい状態であり，k がプラスの値をとる状態とマイナスの値をとる状態の二つがある．光学フォノン放出によるどちらかの状態への散乱確率を D とすると，この領域のボルツマン方程式は (3.25) 式に光学フォノン散乱の項が加わり

$$\frac{q}{\hbar}F\frac{\partial f(x,k)}{\partial k}+\frac{\hbar k}{m}\frac{\partial f(x,k)}{\partial x}+B\{f(x,k)-f(x,-k)\}+2Df(x,k)=0 \qquad (3.66)$$

と与えられる．さらに (3.25) 式の場合と同様にフラックス $F(x)$ および $G(x)$ を定義して，ソース端での運動エネルギーが E のエネルギー・レベルにあるキャリヤに対するフラックス方程式を導くと，

$$\sqrt{\frac{2(qFx+E)}{m}}\frac{d}{dx}\begin{pmatrix}F(x)\\G(x)\end{pmatrix}=\begin{pmatrix}-(B+2D) & B\\ -B & (B+2D)\end{pmatrix}\begin{pmatrix}F(x)\\G(x)\end{pmatrix} \quad (x_0\le x\le L) \qquad (3.67)$$

となる．この方程式を，領域の両端から流入するフラックスの値 $F(x_0)$ および $G(L)$ が与えられているという境界条件のもとに解いてみよう．まず，(3.38) 式を用いて変数を x から s に変換すると (3.39)，(3.40) 式の場合と同じように $F(s)$，$G(s)$ のペアに関する 1 組の線型方程式に変わる．行列部分を対角化すると，その解は一般に，x を用いた表現に直したとき二つの指数関数的に変化する解

$$\exp\left(\frac{2\sqrt{2m(B+D)D(qFx+E)}}{qF}\right) \qquad (3.68)$$

および

$$\exp\left(-\frac{2\sqrt{2m(B+D)D(qFx+E)}}{qF}\right) \qquad (3.69)$$

の線型結合で書き表せることがわかる．したがって $F(x)$，$G(x)$ のそれぞれが（3.68），（3.69）式の線型結合で表せて，合計 4 個の未知数を決めることが求められる．しかし，（3.67）式を構成する 2 個の関係式により $F(x)$，$G(x)$ のそれぞれの係数が関係づけられて独立な係数は 2 個となり，さらに $F(x_0)$ および $G(L)$ の値が与えられていることでそれらの値を決めることができる．このようにして $F(x)$，$G(x)$ の表式を求め，やや変形して形を整えて

$$F(x) = \frac{F(x_0)\left[\exp\left(\frac{2\Delta t^E_{x\to L}}{\tau_{\text{ave}}}\right) - \alpha^2 \exp\left(-\frac{2\Delta t^E_{x\to L}}{\tau_{\text{ave}}}\right)\right] + G_L\alpha\left[\exp\left(\frac{2\Delta t^E_{x_0\to x}}{\tau_{\text{ave}}}\right) - \exp\left(-\frac{2\Delta t^E_{x_0\to x}}{\tau_{\text{ave}}}\right)\right]}{\exp\left(\frac{2\Delta t^E_{x_0\to L}}{\tau_{\text{ave}}}\right) - \alpha^2\exp\left(-\frac{2\Delta t^E_{x_0\to L}}{\tau_{\text{ave}}}\right)} \quad (x_0 \le x \le L) \tag{3.70}$$

$$G(x) = \frac{F(x_0)\alpha\left[\exp\left(\frac{2\Delta t^E_{x\to L}}{\tau_{\text{ave}}}\right) - \exp\left(-\frac{2\Delta t^E_{x\to L}}{\tau_{\text{ave}}}\right)\right] + G_L\left[\exp\left(\frac{2\Delta t^E_{x_0\to x}}{\tau_{\text{ave}}}\right) - \alpha^2\exp\left(-\frac{2\Delta t^E_{x_0\to x}}{\tau_{\text{ave}}}\right)\right]}{\exp\left(\frac{2\Delta t^E_{x_0\to L}}{\tau_{\text{ave}}}\right) - \alpha^2\exp\left(-\frac{2\Delta t^E_{x_0\to L}}{\tau_{\text{ave}}}\right)} \quad (x_0 \le x \le L) \tag{3.71}$$

と得られる．ここに τ_{ave} は平均的な散乱時間

$$\tau_{\text{ave}} \equiv \frac{1}{\sqrt{(B+D)D}} \tag{3.72}$$

を表し，α は

$$\alpha \equiv \left(\sqrt{1+\frac{D}{B}} - \sqrt{\frac{D}{B}}\right)^2 \tag{3.73}$$

で定義される値である．$\Delta t^E_{x_0\to L}$ は（3.46）式を用いて表し，散乱が起こらないときにキャリヤが x_0 から L までチャネルを走り抜ける時間である．一般的にはこの値は散乱時間に比べてかなり長いとみてよい．$\Delta t^E_{x_0\to L} \gg \tau_{\text{ave}}$ であり，これに対して x は $\Delta t^E_{x_0\to x} \sim \tau_{\text{ave}}$ を満たすと想定しよう．β を

$$\beta \equiv \exp\left(-2\frac{\Delta t^E_{x_0\to L}}{\tau_{\text{ave}}}\right) \tag{3.74}$$

とすると，β は 1 に比べて小さい値となる．β^2 を 1 に比べて充分に小さいと

みなして無視すると（3.70），（3.71）式は

$$F(x)=F(x_0)\exp\left(-\frac{2\Delta t^E_{x_0\to x}}{\tau_{\rm ave}}\right)+G(L)\alpha\beta\left[\exp\left(\frac{2\Delta t^E_{x_0\to x}}{\tau_{\rm ave}}\right)-\exp\left(-\frac{2\Delta t^E_{x_0\to x}}{\tau_{\rm ave}}\right)\right] \tag{3.75}$$

$$G(x)=F(x_0)\alpha\exp\left(-\frac{2\Delta t^E_{x_0\to x}}{\tau_{\rm ave}}\right)+G(L)\beta\left[\exp\left(\frac{2\Delta t^E_{x_0\to x}}{\tau_{\rm ave}}\right)-\alpha^2\exp\left(-\frac{2\Delta t^E_{x_0\to x}}{\tau_{\rm ave}}\right)\right] \tag{3.76}$$

と近似できる．この表式は各フラックスの意味を明確に示唆している．ドレインに向かうフラックス $F(x)$ は，$x=x_0$ で $F(x_0)$ が注入されドレインに向かって時定数 $\tau_{\rm ave}$ で減衰してゆく．これに逆行する $G(x)$ の主要部は $F(x)$ が散乱により α の割合だけ反射されたものからなる．ドレイン端から流入する $G(L)$ の寄与は，$x\sim x_0$ に達するまでに β 倍に減衰してしまう．フラックスの減衰は，光学フォノン放出によるエネルギー緩和により当該エネルギー・レベルのフラックスが減少することによる．

さて，$0\leq x\leq x_0$ および $x_0\leq x\leq L$ の二つの解は $x=x_0$ で同じ値を与えるので，この点で（3.63），（3.64）式および（3.75），（3.76）式をそれぞれ等しいとおいて解くと，$F(x_0)$ および $G(x_0)$ を $F(0)$ および $G(L)$ の関数として解くことができる．それと（3.64）式から $G(0)$ の値も求められる．この節では $x=0$ から x_0 までの透過係数を

$$\bar{T}=\frac{\tau_{\rm c}}{\tau_{\rm c}+\Delta t^E_{0\to x_0}} \tag{3.77}$$

とおき直して

$$F(x_0)=\frac{\bar{T}F(0)+(1-\bar{T})\beta(1-\alpha^2)G(L)}{1-(1-\bar{T})\alpha} \tag{3.78}$$

$$G(x_0)=\alpha F(x_0)+\beta G(L)(1-\alpha^2)=\frac{\alpha\bar{T}F(0)+\beta(1-\alpha^2)G(L)}{1-(1-\bar{T})\alpha} \tag{3.79}$$

$$G(0)=\frac{[(1-\bar{T})-(1-2\bar{T})\alpha]F(0)+\bar{T}\beta(1-\alpha^2)G(L)}{1-(1-\bar{T})\alpha} \tag{3.80}$$

と表される．

電流はチャネル方向に沿って保存される．エネルギー緩和したキャリヤも電流に寄与するので複雑だが，$x=0$ の位置で評価すると簡単に求めることがで

きる．運動エネルギー E でソースから流入する電流成分は

$$I_E = q\{F(0) - G(0)\} = q\tilde{T}[F(0) - (1+\alpha)\beta G(L)] \tag{3.81}$$

となる．ただし $\tilde{T}$ は

$$\tilde{T} \equiv \frac{\bar{T}(1-\alpha)}{1-(1-\bar{T})\alpha} = \frac{qF(1-\alpha)}{qF + \sqrt{2mB^2}(\sqrt{\hbar\omega_0} - \sqrt{E})(1-\alpha)}$$
$$= \frac{\tau_c(1-\alpha)}{\tau_c + \Delta t^E_{0\to x_0}(1-\alpha)} \qquad (L > x_0) \tag{3.82}$$

という量である．これを用いて (3.79) 式によれば，$G(L)=0$ のとき $G(x_0) = \alpha F(x_0)$ である，つまり弾性散乱域から光学フォノン散乱域に $F(x_0)$ のフラックスが注入されていると，光学フォノン散乱域内の複雑な散乱の結果その α 倍のフラックスが弾性散乱域に跳ね返される．α は光学フォノン散乱域から弾性散乱域への後方散乱確率であることがわかる．(3.73) 式によれば，この値は $B=D$ のとき 0.17 となる．

(3.81) 式によれば，$G(L)=0$ のときソースからドレインへの電流値はソースから流入する電流 $qF(0)$ の $\tilde{T}$ 倍になることから，$\tilde{T}$ は実はソースからドレインまでの透過係数を与えていることがわかる．この透過係数 $\tilde{T}$ を，図 3.6 に電界の関数として図示して示す．低電界では電界依存性がごく小さく，一

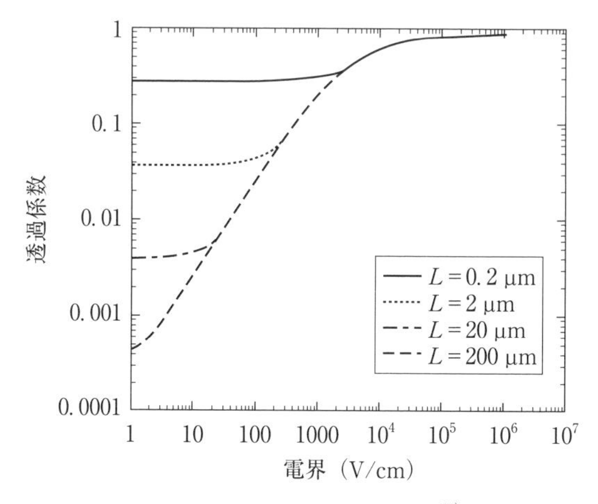

図 3.6 透過係数の電界依存性[22]
弾性散乱および光学フォノン放出を含む場合．

方 L 依存性は大きいことがわかる．低電界では x_0 が大きな値をもつので，この領域はチャネル全体が初期弾性散乱域に含まれる場合に当たる．したがって $\tilde{T}$ には（3.47）式の $\bar{T}$ の特性が再現されている．一方，極めて高い電界では L 依存性がなくなって 1 より小さい値に収束する傾向がみられる．この電界領域では $x_0 \approx 0$ となっており $\Delta t^E_{0\to x_0} \approx 0$ から（3.82）式の示すように（$\tilde{T} \approx 1-\alpha$）となっている．チャネル全域が光学フォノン散乱域に当たる．ソースからドレインまでの総電流値を求めるには，前節と同様にソースおよびドレイン電極内のキャリヤの分布を考え，チャネルに流れ込むフラックスを考慮して計算する必要がある．両電極内は準熱平衡にあると考えてボルツマン分布を適用する．（3.59）式を適用し前節と同じ $G(L)$ を用いるとソースからドレインへの電流値は

$$I = \frac{qn_0}{\sqrt{2mk_{\mathrm{B}}T\pi}} \int_0^{\hbar\omega_o} \left[1-\beta(1+\alpha)\exp\left(-\frac{qV_{\mathrm{DS}}}{k_{\mathrm{B}}T}\right)\right] \exp\left(-\frac{E}{k_{\mathrm{B}}T}\right) \tilde{T} dE \qquad (qFL \gg \hbar\omega_o) \tag{3.83}$$

と求められる．ボルツマン分布にはソース端で運動エネルギーが $\hbar\omega_o$ より大きいキャリヤも含まれている．このようなキャリヤは弾性散乱域を持たず全区間で光学フォノンを放出することができ，一度エネルギー緩和した後も充分なエネルギーを保持していて後方散乱によりソース電極に戻り得る．これらのキャリヤは，上に規定した議論の枠組みに従わず計算に取り入れられていない．しかし，ボルツマン分布の裾部分に当たる限られた数のキャリヤであり，本節はドミナントなキャリヤの寄与のみ考慮して解析するので，（3.83）式の電流では E による積分の上限を $\hbar\omega_o$ までとして計算してある．

この式の与える電流密度を図 3.7 に電界の関数としてプロットしてある．光学フォノン散乱を加えたことでカーブの形は図 3.4 に比べて一変し，その形は実験で得られるカーブとよく似たものとなっている．低電界域では電界に比例して増大し，充分に高電界では一定値に飽和する傾向を示す．キャリヤ速度が移動度で表される記述方法と，キャリヤ速度の飽和現象との両方に対応している．それは，エネルギー緩和現象のキャリヤ輸送への寄与を取り込むことにより，キャリヤ輸送の機構が基本的に実際のものと対応するようになったためであると考えられる．弾性散乱だけを取り扱った前節の結果と比べると，電

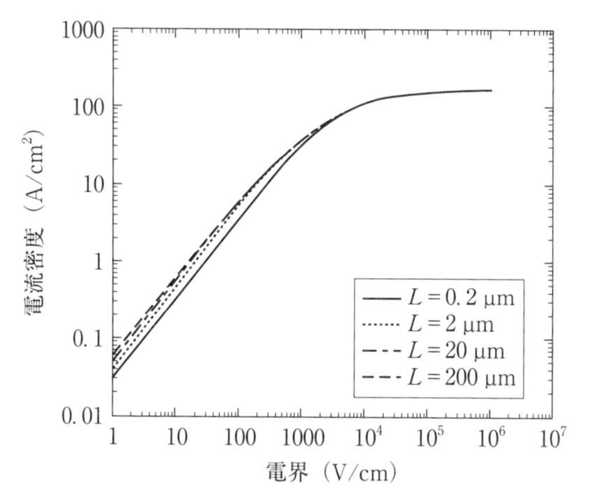

図 3.7 電流密度の電界依存性[22)]
図 3.4 の場合に加えて，$D=2.5\times10^{14}\,\mathrm{cm}^{-3}$ を想定.

流特性におけるエネルギー緩和現象の役割の重要性が知られる．このような特性を生み出す機構をみるために（3.83）式をもう少し見通しのよい形に近似してみよう．ソース，ドレイン間に印加されている電圧は現実的な値を想定して $qV_{\mathrm{DS}}\gg k_{\mathrm{B}}T$ と想定すると，［　］内の指数関数の項は 1 に比べて充分小さくなるので無視することとする．透過係数 $\tilde{T}$ は（3.82）式にみるように E に依存するが，積分は実質的な積分範囲が $k_{\mathrm{B}}T$ の程度の狭い領域なので，近似計算では計算の便宜のため E を平均値の $k_{\mathrm{B}}T$ で置き換えて積分の外に出そう．このようにして，（3.83）式は積分が実行できて

$$I\approx q\frac{n_0}{2}v_0\tilde{T} \tag{3.84}$$

と簡単化される．v_0 は（3.10）式に与えた，ボルツマン分布において一方向に走るキャリヤの平均速度 $\sqrt{2k_{\mathrm{B}}T/m\pi}$ である．ソース端のキャリヤのうちの半分がドレインに向かう速度成分を有するので，それらはドレインに向かうフラックス $(n_0/2)v_0$ を形成し，それに透過係数 $\tilde{T}$ を掛けるとドレインに到達する電流密度が得られることを示す.

実はこのやり方には 1 か所不正確な点があり，以下の大きさの見積もりの際はそれを修正する必要がある．この方法は（3.59）式を利用しており，その

場合は（3.57）式からわかるようにソースからチャネルに注入されるフラックスのキャリヤ密度は全キャリヤ密度の半分の（$n_0/2$）となっている．これは同じ μ_S を用いることからわかるようにチャネルからソースに流入するキャリヤも同数あることを想定し，正味の電流がゼロになってしまう．これを修正するには，チャネルに流入するキャリヤ分布をボルツマン分布と仮定するために（3.83）式を用いるとしても，チャネル入口のキャリヤ密度が実際の値に一致するように式上の n_0 を修正しておけばよい．ソースからチャネルに流れ込むキャリヤ密度を（$n_0/2$）としたとき，チャネルからソースに流れ込むフラックスのキャリヤ密度はこの（$1-\tilde{T}$）倍，すなわち $(1-\tilde{T})n_0/2$ となっている．この場合はソース端の全キャリヤ密度が $(2-\tilde{T})n_0/2$ となるので，これを n_0 にするために，（3.83）式の n_0 の値をあらかじめ $2/(2-\tilde{T})$ 倍に変化させておけばよいこととなる．このとき（3.84）式は

$$I \approx qn_0v_0\frac{\tilde{T}}{2-\tilde{T}} \tag{3.85}$$

となり，キャリヤ密度は正しく n_0 となる．（3.82）式の $\tilde{T}$ を代入すると

$$I \approx qn_0v_0\frac{qF(1-\alpha)/(1+\alpha)}{qF+2\sqrt{2mB^2}\,(\sqrt{\hbar\omega_o}-\sqrt{k_BT})(1-\alpha)/(1+\alpha)} \tag{3.86}$$

と得られる．右辺の分母をみると電界の値が $2\sqrt{2mB^2}\,(\sqrt{\hbar\omega_o}-\sqrt{k_BT})(1-\alpha)/q(1+\alpha) \sim 6000\ \mathrm{V/cm}$ に比べて大きいか小さいかで二つの異なる表式をとることがわかる．電界 F がこれに比べて充分に小さければその分母の qF が無視できて，前出の B や $\hbar\omega_o$，温度などを代入すると電流密度は

$$I \approx qn_0\left(0.96\frac{q\tau_e}{m}\right)F \tag{3.87}$$

と，基本的に移動度を用いた表現と同じ式に帰着する．逆に電界がこの値より充分に大きければ分母の qF に依存していない項が無視できて，

$$I \approx qn_0v_0\frac{1-\alpha}{1+\alpha} \tag{3.88}$$

という，電界によらない速度飽和の表式 $v_0(1-\alpha)/(1+\alpha)$ に帰着する．飽和速度の値は基本的に熱速度 v_0 程度の大きさで，前出の $\alpha \approx 0.17$ を採用すると $v_0(1-\alpha)/(1+\alpha) \approx 7.4\times10^6\ \mathrm{cm/s}$ くらいになる．熱速度とキャリヤ散乱とに

より決められる.

ここに与えた電流密度の表現は，電極に接する試料の界面の性質だけで決められるようにみえる．しかし，本来は試料のバルクの性質で決められるように思われて，この結果は不合理である印象を受けるかもしれない．実際には，界面で仮定されているのはほとんど熱平衡のボルツマン分布に従うキャリヤがチャネルに注入されるということだけで，この枠組みはチャネルの任意の切断面で成立していると想定しても矛盾はない．一様な電流を流すバルク内にある切断面を想定して，その前後でのキャリヤの振る舞いを解析して電流密度を評価したということもいえる.

本章での議論は，2端子からなるダイオード構造を想定してそれに流れる電流特性を解析した．この場合，もうひとつ重要な視点が省略されていることを指摘しておきたい．素子構造は通常電極間のキャパシタンスを包含しており，それに局在する電荷が素子間の電界の形成に役割をはたし，そのようにして得られる電界内を，電荷を持つキャリヤが輸送されるようになっている．素子全体としては電荷の中性が成り立つとされるのが普通である．素子内の電界がどのようにして形成されるかは，通常のダイオード，電界効果トランジスタなど，素子ごとに状況が異なる．本章では極めて一般的に「電界ありき」という立場で，チャネルのソース端のキャリヤ密度を n_0（それはバンド構造内のフェルミ・レベルの位置の設定を意味する）を想定して電流値の試算を行った．この点は，個々の素子ごとに検討を要する事柄であろう.

4
古典的な MOSFET の理論

ナノスケールの MOS トランジスタの議論を始めるにあたり，マクロなサイズの古典的な MOS トランジスタの特性が，従来どのように解析され理解されてきたか概観しておこう[4)].

4.1 M O S 接 合

4.1.1 MOS 反転層

古典的 MOS トランジスタの動作の基本的特徴は，素子全体が熱平衡に近い“準熱平衡”状態にあることである．はじめに，基礎となる MOS 接合について理解しておこう．

図 4.1 のように，二酸化シリコン SiO_2 などの絶縁膜（誘電体として機能する）を金属の電極と半導体基板とでサンドイッチして，それに電圧を印加した構造は MOS（metal oxide semiconductor）接合と呼ばれる．金属電極をゲート電極，それと半導体基板との間に印加される電圧 V_G をゲート電圧と呼ぶ．いま半導体は p 型のシリコンを想定しよう．シリコンを酸化すれば表面に二酸化シリコン SiO_2 の層（厚さを t_{ox} としよう）が形成される．二酸化シリコンの薄膜は，その優れた絶縁性と，二酸化シリコン-シリコン間の界面が清浄でサーフェス・ステートなどの少ない優れた特性とで知られる．外部の一定電圧レベルに電極を接触させると，それとの間が熱平衡となって両者のフェルミ・レベルが一致する．金属・酸化膜・半導体の各部分を分離しておいた場合の，それぞれの部分の電子状態のエネルギー・バンド図を模式的に描くと図 4.2 のようになる．図の縦軸は電子のエネルギーを表す．電子のエネルギーは電圧や静電

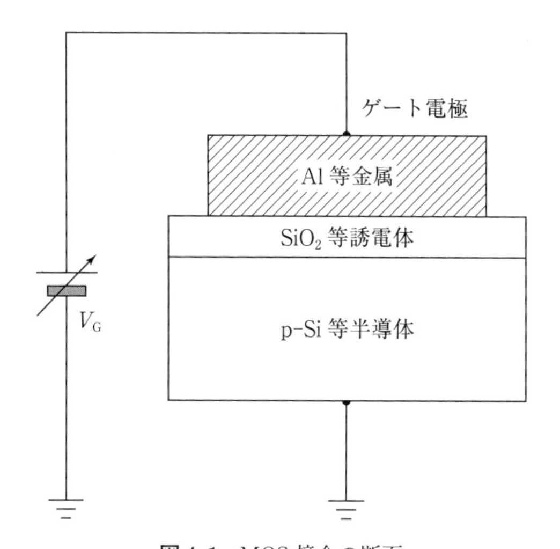

図 4.1 MOS 接合の断面
金属（M），酸化膜（O），半導体（S）の積層構造となっている．

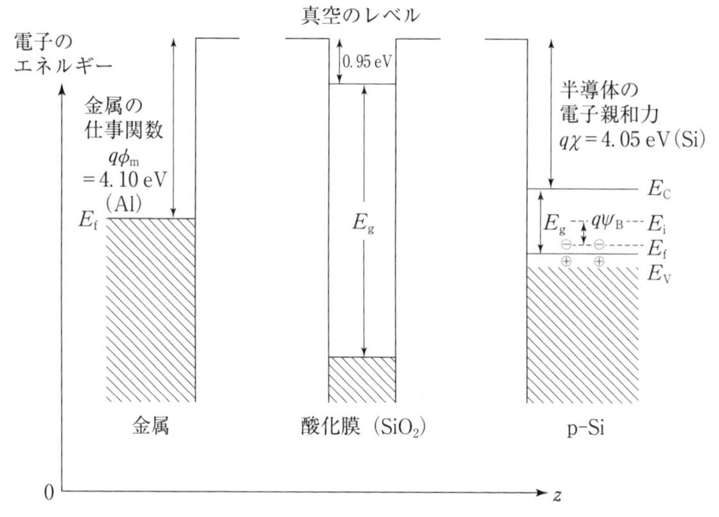

図 4.2 金属・酸化膜・半導体の電子状態のエネルギー・バンド図
それぞれを分離して置いた場合．バンド・キャップ E_g は Si が 1.12 eV，SiO_2 が 8～9 eV．E_C, E_V はそれぞれ伝導帯の下端および価電子帯の上端を表す．

ポテンシャルの値に負の電子電荷（$-q$）が掛かるため，これらとは大小が逆転することに注意しよう．E_C, E_V はそれぞれ，伝導帯の下端および価電子帯の上端のエネルギーを示す．E_g は各材料部分のエネルギー・ギャップ，E_f はそれぞれの材料における熱平衡時のフェルミ・エネルギー・レベルを表す．E_i はシリコンの真性フェルミ・エネルギー・レベルを表す．金属の仕事関数 ϕ_m や半導体の電子親和力 χ に対応したエネルギーも示されている．個々の材料部分の間には，真空のエネルギー・レベルを示してある．各材料部分を接合して図 4.1 の構造にしたときどうなるかをみるには，各部分の真空のエネルギー・レベルを一致させてエネルギー図を接合すればよい．このとき，一般に金属と半導体のフェルミ・レベルは相互に一致しない．このままでは，フェルミ・レベルの大きい部分から小さい部分に向かって電子の移動傾向が発生して安定構造とならない．p 型シリコンにおいて，そのフェルミ・レベルと，真性フェルミ・レベルとの間隔を $q\psi_B$ と書くこととする．金属と半導体のフェルミ・エネルギー・レベル間の差を補うように，ゲート電圧 V_G の値を

$$V_{FB} \equiv \phi_m - \chi - \frac{E_g}{2q} - \psi_B \tag{4.1}$$

に等しく設定すれば，各バンド図をそのままスライドさせて接合した構造が安定となる．各材料中のエネルギー・バンドは水平に保たれるので，(4.1) 式のゲート電圧はフラットバンド電圧と呼ばれる．ゲート電圧がこの値よりずれると，それに応じて各部分のフェルミ・レベルが変化し，つじつまが合うように二酸化シリコン膜やシリコン中のバンド構造が傾いたり曲がったりする．バンドの傾きを示す微係数が電界を与え，同じく 2 回微分の係数の値はポアソン方程式より電荷密度を与える．バンドが傾いたり曲がったりすることは，各材料部分にキャリヤの移動によって電荷や電界が発生することを意味する．金属内部は一定電位なので，バンドが水平に保たれる．

MOS 接合に，フラットバンド電圧よりも大きなゲート電圧 $V_G(>V_{FB})$ を印加したときのバンドの図を図 4.3 に示す．p 型シリコンでは，界面近くのホールが排除されてアクセプタ不純物イオンの負電荷が残り，図の下部に示すような電荷密度分布となる．その電荷の作る電界によりバンドは図のように $q\psi_S$ だけ曲げられる．ψ_S は表面ポテンシャルといわれる量で，その大きさはゲート

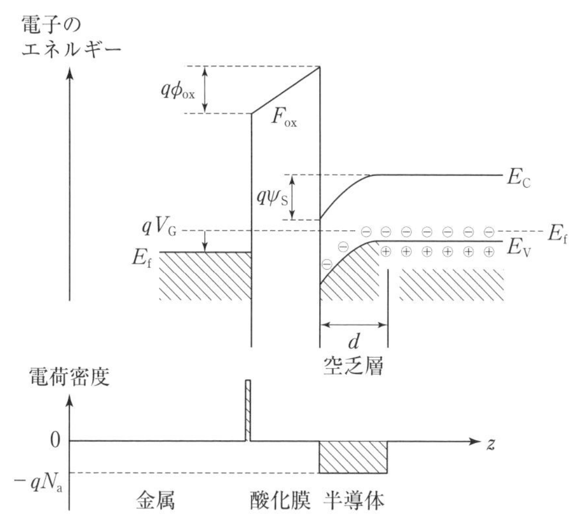

図 4.3　金属・酸化膜・半導体を接合したMOS接合のエネルギー・バンド図
フラットバンド電圧よりも大きなゲート電圧 V_G を印加した場合.

電圧 V_G が与えられると一意的に定まる．界面近くのホールが排除された部分は空乏層と呼ばれ，その電荷密度はアクセプタ不純物の電荷密度 qN_a に等しい．半導体内のアクセプタ不純物の分布は一様とする．空乏層の厚さを d とすると，この電荷密度を想定して界面に垂直な方向の1次元のポアソン方程式を0から d まで積分すると，ψ_S と d の間の関係式

$$d=\sqrt{\frac{2\varepsilon_s\psi_S}{qN_a}} \tag{4.2}$$

を求めることができる．ε_s はシリコンの誘電率（1.04×10^{-12} F/cm）を表す．空乏層に含まれる電荷 Q_d はアクセプタ不純物の負電荷であり，界面の単位面積当たり，

$$Q_d=-qN_ad=-\sqrt{2\varepsilon_s qN_a\psi_S} \tag{4.3}$$

という形に求められる．酸化膜中に電荷がない場合にも，界面に分極電荷が現れるので図のように酸化膜中の電界 F_{ox} およびポテンシャル差 $\phi_{ox}=F_{ox}t_{ox}$ を生じる．界面に垂直な単位面積の任意の角柱を考え，そのひとつの底面を酸化膜内の任意の位置に，他の底面を中性のシリコン内にとって，その角柱で囲まれ

た部分にガウスの定理を適用する．酸化膜内の電界は F_{ox} であり，中性シリコン内は電界がなく，角柱の側面の電界は界面に垂直であるため，結果は

$$\varepsilon_{ox}F_{ox} = |Q_d| \tag{4.4}$$

を得る．ここに ε_{ox} は SiO_2 の誘電率（3.45×10^{-13} F/cm）である．$V_G = V_{FB}$ の場合には酸化膜やシリコン内のバンドが水平になることを考慮すると，その差（$V_G - V_{FB}$）はバンドの傾斜や曲がりによる電位変化量に等しく $V_G - V_{FB} = \phi_{ox} + \psi_S$ となる．ϕ_{ox} を F_{ox} で表し, F_{ox} を（4.4）式により Q_d で表し, さらに（4.3）式を用いると,

$$V_G = V_{FB} + \psi_S + \frac{1}{C_{ox}}\sqrt{2\varepsilon_s q N_a \psi_S} \tag{4.5}$$

の関係式が得られる．ここに C_{ox} は

$$C_{ox} = \frac{\varepsilon_{ox}}{t_{ox}} \tag{4.6}$$

で表される酸化膜の単位面積当たりのキャパシタンスである．

ゲート電圧をさらに大きな値に増加させた場合の変化を図 4.4 に示した．V_G の増加に対応して d や ϕ_{ox}，ψ_S がそれぞれ一段と大きくなる．ψ_S の増大は，SiO_2 界面のシリコンの伝導帯にみられるポテンシャルの三角型の井戸の底を押し下げてシリコンのフェルミ・レベル E_f に近づけるように作用する．これは，熱平衡においてシリコンの界面近傍に電子が誘起されることを意味し，界面近くの電荷密度分布は図の下部のように変化する．この界面近くに閉じ込められた電荷層は自由な負電荷からなり，p 型シリコン内部の正孔からなる自由電荷と符号が異なるため反転層と呼ばれる．この反転層の単位面積当たりの電荷量を Q_i としよう．ゲート電圧が充分には大きくなく，Q_i の電荷密度の大きさが単位体積当たりでみたときアクセプタ不純物の電荷密度の大きさよりも小さい間は，Q_i は空乏層電荷 Q_d に埋もれて顕在化せず，ポテンシャル分布などに大きな影響を及ぼすことはない．この場合は, 図 4.3 の議論がそのまま成り立つ．しかし，ゲート電圧を増大させていき，ψ_S が大きくなって $2\psi_B$ を超えるようになると，ボルツマン分布を用いて算出される Q_i の電荷密度が Q_d の電荷密度 qN_a を超えるようになり電荷密度分布の様子が変わってくる．この場合ガウスの定理の結果は $\varepsilon_{ox}F_{ox} = |Q_d| + |Q_i|$ に変わり，これに従って（4.5）式は

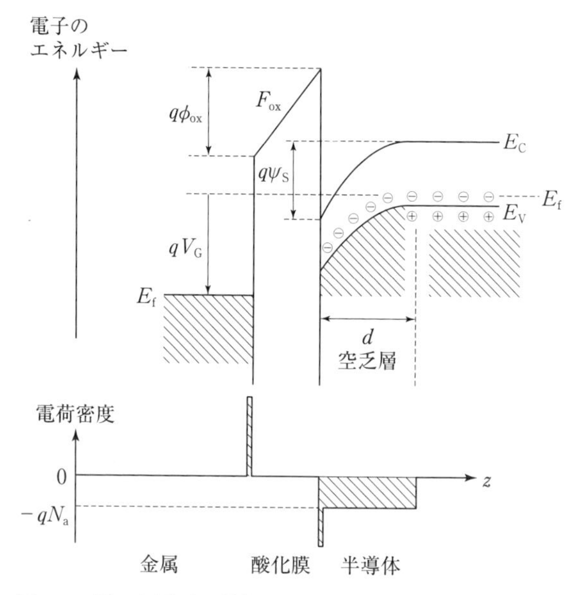

図 4.4 ゲート電圧が増加して反転層が形成された場合のMOS接合のエネルギー・バンド図

$$V_G = V_{FB} + \psi_S + \frac{1}{C_{ox}}\sqrt{2\varepsilon_s q N_a \psi_S} + \frac{|Q_i|}{C_{ox}} \tag{4.7}$$

となる．この式において，V_G を増大させると右辺では ψ_S および Q_i がともに増大する．しかし，両者の増加量を比べてみると，ボルツマン分布の性質から Q_i の増大量は ψ_S の増大量に対して指数関数的に依存して急速な増大を示す．このため左辺の V_G の増大量に対する右辺の各項の増大量を比較すると，そのほとんどを Q_i の項が占めて，ψ_S を含む項の増加量はわずかにとどまる．このような性質から，(4.7) 式の右辺において ψ_S をほぼ一定値とみなして $2\psi_B$ で置き換えた近似式を用いることができる．すなわち，

$$V_t \equiv V_{FB} + 2\psi_B + \frac{1}{C_{ox}}\sqrt{2\varepsilon_s q N_a (2\psi_B)} \tag{4.8}$$

とおくと，

$$V_G = V_t + \frac{|Q_i|}{C_{ox}} \tag{4.9}$$

であり，あるいはこれを書き換えて，

$$|Q_\mathrm{i}| = C_\mathrm{ox}(V_\mathrm{G} - V_\mathrm{t}) \tag{4.10}$$

という関係を得る．これは MOS 接合が本質的にキャパシタンスであって，その電荷密度 Q_i が静電容量 C_ox と印加電圧（$V_\mathrm{G} - V_\mathrm{t}$）との積で表されることを示す．この反転層電荷 Q_i は p 型シリコン基板と熱平衡状態にあり，シリコン基板のフェルミ・レベル E_f（図 4.1 の接地電位）によりコントロールされる．固定不純物イオンの電荷などを含まない，可動な自由電荷であって，MOS トランジスタの電流を運ぶキャリヤ電荷となる．V_t は，ゲート電圧 V_G を増大させていったときに Q_i が溜まり始める開始点の V_G の値であり，MOS 接合の閾値電圧と呼ばれる．

4.1.2　エネルギー・レベルの量子化[23, 24]

これまでの議論では，反転層電荷密度 Q_i は簡単に MOS 接合の界面に局在しているものと想定してきた．実際にはこれらの電荷は電子（n 型シリコンの場合はホール）からなり，電子間には反発力も働いて 1 点に集中することはない．それは例えば図 4.4 のような三角形のポテンシャル井戸に捕捉された電子であり，古典的な電子ガスと仮定しても，図 4.5(a) のように井戸内にボルツマン分布に従って分布し，半導体内部に向かって広がりを持つことがわかる．この電荷の広がりは三角ポテンシャルの形状を歪めるので，ポアソン方程式を用いてセルフ・コンシステントに解く必要がある．正確には井戸内の電子状態は量子力学に支配されるので，シュレーディンガー方程式とポアソン方程式とを連立させてセルフ・コンシステントに解くことになる．解析的な解を得るこ

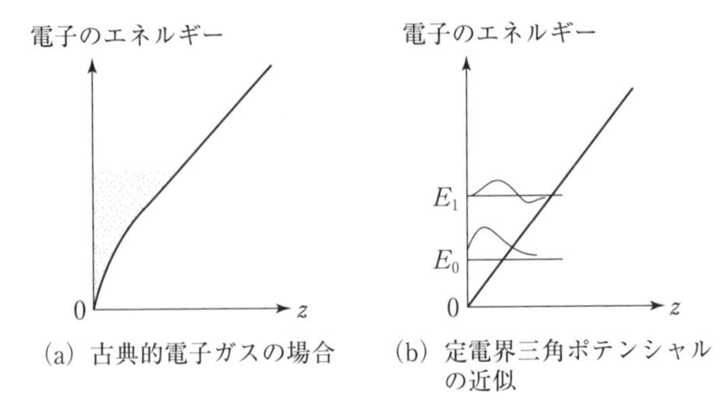

(a) 古典的電子ガスの場合　　(b) 定電界三角ポテンシャルの近似

図 4.5　反転層内の電子状態

とは困難であり，解を得るには数値計算に頼ることになる．変分法による近似計算も有効である．界面に垂直な方向に z 軸をとって界面を $z=0$ としよう．ここでは，ポテンシャル井戸を図 4.5(b) のように電界 F_s で表される単純な三角ポテンシャルと想定してその電子状態を議論し，一方で電子状態の広がりを電界 F_s に反映させるという近似を試みる．定量的な精度は充分とはいえないが，定性的な特性の議論には向いていると考えられる．井戸中の電子状態はシュレーディンガー方程式

$$\left[-\frac{\hbar^2}{2m}\frac{d^2}{dz^2}+qF_s z\right]\varphi(z)=E\varphi(z) \tag{4.11}$$

を解くことにより求められる．m は電子の z 方向の有効質量，$\varphi(z)$ は波動関数，E はエネルギーである．ここで z から

$$z'=\left(\frac{2mqF_s}{\hbar^2}\right)^{1/3}z \tag{4.12}$$

に変数変換をする．変換された波動関数を同じく $\varphi(z')$ と書くと (4.11) 式は

$$\left[\frac{d^2}{dz'^2}-z'\right]\varphi(z')=\left(\frac{2m}{\hbar^2}\frac{1}{q^2F_s^2}\right)^{1/3}E\varphi(z') \tag{4.13}$$

となる．図 4.5(b) のポテンシャル井戸には $z=0$ にポテンシャル障壁があり，この高さが充分に高いと想定すると，求める波動関数は境界条件 $\varphi(0)=0$ を満たす (4.13) 式の解となる．ところで，微分方程式の

$$\left[\frac{d^2}{dt^2}-t\right]y(t)=0 \tag{4.14}$$

の一般解は，(1/3) 次のベッセル関数であって Airy 関数と呼ばれる．その $|t|$ が充分に大きいところにおける漸近形は

$$0\leq t \qquad y(t)\approx\frac{1}{2}t^{-1/4}\exp\left(-\frac{2}{3}t^{3/2}\right) \tag{4.15}$$

$$t\leq 0 \qquad y(t)\approx|t|^{-1/4}\sin\left(\frac{2}{3}|t|^{3/2}+\frac{\pi}{4}\right) \tag{4.16}$$

と近似される．この関数のゼロ点を調べよう．それは (4.16) 式の sin 関数の偏角が $n\pi$ $(n=0, 1, 2, \cdots)$ となる場合であり，そのときの t の値を t_n とすると

$$t_n=-\left[\frac{3}{2}\left(n+\frac{3}{4}\right)\pi\right]^{2/3} \tag{4.17}$$

となる．(4.14) 式の解を $y(t)$ とおこう．(4.14) 式に変数変換をして変数を $t'=t+t_n$ に変えて整理すると，

$$\left[\frac{d^2}{dt'^2}-t'\right]y(t'-t_n)=-t_n y(t'-t_n) \tag{4.18}$$

という t' に関する微分方程式が得られ，その解は $y(t'-t_n)$ となる．(4.18) 式は (4.13) 式と類似の形をしており，エネルギー E が飛びとびの固有値

$$E_n=\left(\frac{\hbar^2}{2m}q^2F_s^2\right)^{1/3}|t_n|=\left[\frac{3\pi\hbar}{2\sqrt{2m}}qF_s\left(n+\frac{3}{4}\right)\right]^{2/3} \tag{4.19}$$

をとるとしたときに

$$\varphi(z)=y\left(\left[\frac{2mqF_s}{\hbar^2}\right]^{1/3}z+t_n\right) \tag{4.20}$$

が，境界条件を満足する (4.13) 式の解となることがわかる．三角のポテンシャル井戸の中で，電子のエネルギーはこのような飛びとびの値をとる．また，得られた波動関数によれば電子の存在確率はシリコン界面から内部に向かって分布する．エネルギー・レベル E_n の電子状態の重心位置 $\langle z\rangle_n$ は

$$\langle z\rangle_n=\frac{2E_n}{2qF_s} \tag{4.21}$$

と求められる．

E_n の値は電子の有効質量に依存する．シリコンの伝導帯の最低エネルギーの点は，ブリルアン域中の X 点の近くに等価な 6 点があることが知られている．これらの点の近くで，電子のエネルギーが等しい値をとる等エネルギー面は，図 4.6 の概念図のような 6 個の回転楕円体の表面 (6 個のバレーと呼ばれる) からなっている．MOS 接合の界面が (001) 面であるときは，k_z 方向に三角ポテンシャルが形成されて，k_z 方向の有効質量がエネルギー・レベルを規定する．6 個のバレーのうち，k_z 軸に沿って並んだ 2 個のバレーの k_z 軸方向の有効質量は $m=m_\ell=0.92m_0$ であり，残りの平面上の 4 個のバレーは，同じく $m=m_t=0.19m_0$ となっている．(4.19) 式にみるように有効質量が大きい方がエネルギー・レベルは低くなる．縦に並んだ有効質量の大きな 2 個のバレーのエネルギー・レベルは 2 重に縮退したエネルギー・レベルを形成し，それらは通常 E_0, E_1, E_2, … と表記され，一方小さい有効質量に対応した 4 重縮退のエネ

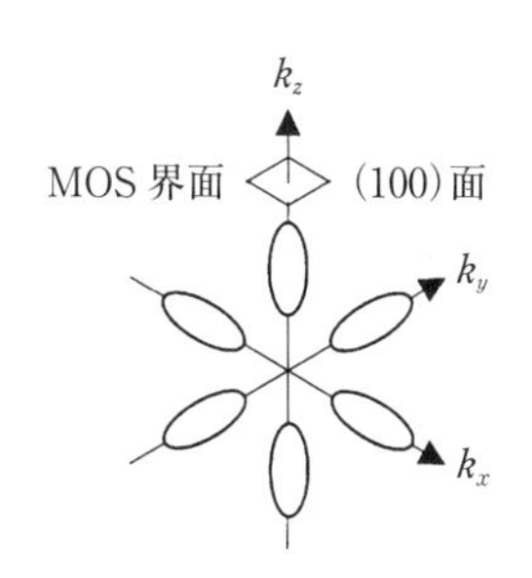

図 4.6　シリコンの伝導帯のバレー構造

ルギー・レベルは E'_0, E'_1, E'_2, …と表記される．反転層の電子の基底状態を与える最低のエネルギー・レベルは 2 重に縮退した E_0 であり，その上のレベルは E'_0 かあるいは E_1 となる．

以上の議論によれば，MOS 反転層の量子化がデバイス特性に与える影響は，大きく 2 点あることになる．ひとつは，E_0 がゼロより大きな値であるため，キャリヤのとり得る最低エネルギーの値が三角ポテンシャルの最低点よりも上側に押し上げられ，このため量子化のない場合に比べて反転層電荷を溜めるために必要とするゲート電圧，つまり閾値電圧の値がその分だけ上昇することである．もうひとつの影響は，反転層電荷の重心位置が MOS 界面よりも半導体内部に入っていることからくる．反転層電荷の増大はポアソン方程式により三角ポテンシャルの電界の増大をもたらし E_0 の値を増大させる．つまり $|Q_i|$ の増大は，(4.7) 式に示された ϕ_{ox} の増大以外に E_0 の増大というルートを通じてもゲート電圧 V_G の増大を要求する．それは反転層のゲート・キャパシタンス成分として C_{ox} 以外に別の寄与が存在することを意味する．このキャパシタンスは反転層の厚さのキャパシタンスであり，単位面積当たりのその値は C_{inv} と書かれて酸化膜のキャパシタンス成分に直列に加わる．すなわち，両者の寄与を合わせて

$$C_{Gate}^{-1} = C_{ox}^{-1} + C_{inv}^{-1} \qquad (4.22)$$

と書ける．このキャパシタンス成分に関しては，第 7 章でもう少し詳しく議論する．

4.2 MOSFET

4.2.1 ドレイン電流モデル

MOS トランジスタは，図 4.1 の MOS 接合の構造に，左右に電流を流しこみまた取り出すための電極を取り付けた素子である．ゲート電圧 V_G を V_t より大きい値に設定すると，ゲート電極の下に反転層が形成されて可動な電子（キャリヤと呼ばれる）が溜まる．このとき反転層に接触した左右の電極間に電界を印加すると，電極から反転層へ，そして反転層からまた電極へと電極間に連続的な電流が流れる．V_G を V_t より小さい値に下げると反転層が消失し，電極間の電流パスは破壊されて電流が途絶える．ゲート電圧 V_G の値により電流を流したり切ったりできるスイッチ素子となる．

図 4.7 に，n チャネルのシリコン MOS トランジスタの断面構造を模式的に示した．図に示された印加電圧は，動作時に電極に加えられるのと同じ極性に設定してある．3 次元的には，このような構造が紙面に垂直な方向に，例えば長さ W だけ延びている．この W の大きさはチャネル幅と呼ばれ，トランジスタの設計の際に必要とされる電流駆動力の値からその大きさが決められる．図の中央が MOS 接合部分で，シリコン基板と絶縁酸化膜との界面近くの，反転層が形成される部分が MOS トランジスタのチャネルであり，左右の n^+ シリコンからなる電極部分がそれぞれソースおよびドレインである．トランジスタの構造は左右対称となっているが，ここでは電荷のキャリヤである電子が左から右に流れることを想定しよう．チャネルにキャリヤを供給する電極が「ソース」であり，チャネルからのキャリヤを受け取る電極が「ドレイン」である．キャリヤをソースからドレインに駆動するために，ソース・ドレイン間にドレイン電圧 $V_{DS} \geq 0$ を印加する．ゲート電極には，ソースからみて V_{GS} の大きさのゲート電圧を印加するが，シリコン基板にはソースからみて負ないしゼロの基板電圧 V_{BS} を印加するため，図 4.1 の MOS 接合で導入したゲート電圧 V_G は（$V_{GS} + |V_{BS}|$）に当たる．n 型不純物が大量にドープされた n^+ シリコン領域は低抵抗の導電体であり，しかもソースおよびドレインと p 型シリコン基板との間には逆バイアスされた絶縁性の pn 接合が存在するので，ソースおよびドレイ

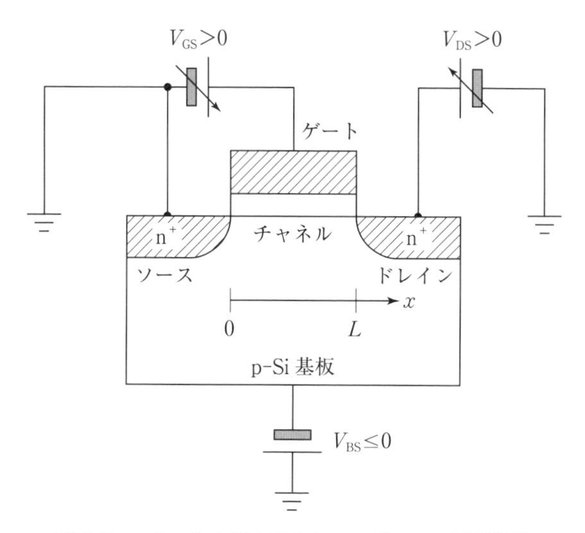

図 4.7　n チャネル Si MOS トランジスタの断面構造

ン電極は他と隔絶された良好な電極となる．反転層が形成された場合には，反転層と p 型シリコン基板との間もまた空乏層で絶縁されるので，ソースから—反転層—ドレインへと，他と隔絶された電流パスが形成される．

今，チャネル部分には反転層が形成されていて，ソースからドレインに向かって定常的に電流が流れているとする．古典的な素子では局所的な熱平衡が素子内の各点で形成されて，チャネルに沿って連続につながった準熱平衡というべき状況にあると想定できる．古くから gradual channel approximation と呼ばれる近似に相当する．接地されたソースの電位は 0，ドレインの電位は V_{DS} に等しく，中途の反転層内の x 点の電位を $v(x)$ としよう．本来は通常の電位でなくいわゆる擬フェルミ・レベルを用いるべきであるが，本項の以下の議論では主要部分であるドリフト電流に限定した議論を行うので通常の電位を用いて差し支えない．図 4.7 のように x 軸を設定し，チャネルの長さを L とすると，$v(0)=0$, $v(L)=V_{DS}$ である．$x=0$ 点での図 4.4 に相当するバンド図を考える．図 4.4 では半導体基板の E_f が接地電位にあり Q_i のキャリヤ分布はこの E_f に支配されたため，バンドの曲がりが $\psi_S=2\psi_B$ となったときに反転が開始された．MOS トランジスタの構成では，キャリヤは接地電位にあるソースから供給されるので，もし基板電位が $V_{BS}=0$ であれば，同じく $\psi_S=2\psi_B$ となったときに

反転が開始される．しかし，負の V_{BS} が印加されている場合は，図 4.4 に比べて基板のフェルミ・レベルが図の上では $q|V_{BS}|$ だけ上昇し，E_C も同じく上昇してバンドの曲がり量 ψ_S は $|V_{BS}|$ だけ増大する．さらに，図 4.7 のトランジスタ構造においてチャネル内の座標 x の点では，電位が $x=0$ の点に比べて $v(x)$ だけ大きいことから ψ_S がさらに $v(x)$ だけ増大する．図 4.4 に比べ V_G の値も $|V_{BS}|$ だけ増大して $(V_{GS}+|V_{BS}|)$ となる．結局 x 点における (4.9) 式は

$$V_{GS}+|V_{BS}|=V_{FB}+2\psi_B+|V_{BS}|+v(x)+\frac{\sqrt{2\varepsilon_s qN_a\{2\psi_B+|V_{BS}|+v(x)\}}}{C_{ox}}+\frac{|Q_i(x)|}{C_{ox}} \tag{4.23}$$

という表式に変わることになる．これを書き直すと (4.10) 式は

$$|Q_i(x)|=C_{ox}\{V_{GS}-V_{FB}-2\psi_B-v(x)\}-\sqrt{2\varepsilon_s qN_a\{2\psi_B+|V_{BS}|+v(x)\}} \tag{4.24}$$

となる．

x 点におけるトランジスタの電流値 I は，チャネルの幅を W，また反転層のキャリヤの移動度を μ とすると，電界の大きさは $dv(x)/dx$ であることから，(2.35)，(2.36) 式を用いて

$$I=W|Q_i(x)|\mu\frac{dv(x)}{dx} \tag{4.25}$$

と書き表すことができる．この両辺を $x=0$ からドレイン端 $x=L$ まで x で積分する．左辺は I の電流の連続性のために場所によらないので L がかかる．右辺は dx が分子，分母でキャンセルして，$v(x)$ による積分となる．

$$IL=W\mu\int_0^{V_{DS}}|Q_i(x)|dv(x) \tag{4.26}$$

(4.24) 式を代入すると (4,26) 式の右辺の積分が実行できて，電流値は

$$I=\frac{W}{L}\mu C_{ox}\left[\left\{V_{GS}-V_{FB}-2\psi_B-\frac{1}{2}V_{DS}\right\}V_{DS}\right.$$
$$\left.-\frac{2\sqrt{2\varepsilon_s qN_a}}{3C_{ox}}\{(2\psi_B+|V_{BS}|+V_{DS})^{3/2}-(2\psi_B+|V_{BS}|)^{3/2}\}\right] \tag{4.27}$$

と得られる．電流値の飽和（後述）が起こる前の，ドレイン電圧の比較的小さい領域に対応したドレイン電流の式である．

この式の与える電流の特性を少し調べてみよう．まず，電流が流れるためにはチャネルの入り口 $x=0$ の点に反転層ができていなければならない．このた

めには (4.24) 式で $|Q_i(0)|\geq 0$ が必要であり，MOS トランジスタの閾値電圧を

$$V_t = V_{FB} + 2\psi_B + \frac{1}{C_{ox}}\sqrt{2\varepsilon_s q N_a (2\psi_B + |V_{BS}|)} \tag{4.28}$$

とおくと，これは

$$V_{GS} \geq V_t \tag{4.29}$$

を意味する．通常 $v(x)$ はソースからドレインに向かって単調に増大し，$x=L$ のドレイン端で V_{DS} に一致すると考えられる．このため $|Q_i(x)|$ は x の増大とともに単調に減少する．したがって V_{DS} を増加していくと，ある値（V_{Dsat} としよう）で $|Q_i(L)|$ がゼロになることが起こる．この場合この値を超えて V_{DS} を増大させても $v(L)$ は V_{Dsat} 以上に増大することはない．$|Q_i(L)|$ がそれ以上変化しようがないからである．電流値は $v(x)$ の分布により決められるので，V_{DS} をさらに増大させても電流は一定値に飽和してそれ以上増大しないこととなる．この領域は電流飽和領域と呼ばれる．この場合のトランジスタ内の電位分布は，チャネル端に近い V_{Dsat} の電位から印加されたドレインの電位へ不連続に飛ぶことを示している．しかし実際には不連続に飛ぶことはあり得ないので，多少の空間的広がりの間に急速に電位が変化すると考えられる．このような矛盾の発生は，準平衡を想定した gradual channel approximation を全領域に適用した点に無理があったためと考えられ，ドレイン端のこの狭い領域では，キャリヤ輸送が非平衡になっていると考えられる．このようにドレイン端近くで準平衡なキャリヤ輸送を担っている反転層が消滅して，このためドレイン電圧の増大に対して電流値が飽和する現象を，通常ピンチオフと呼んでいる．(4.27) 式の与えるトランジスタの電流値の一例を，図 4.8 に示した．ドレイン電圧 V_{DS} の関数として，ドレイン電流がプロットされ，ゲート電圧 V_{GS} をパラメタとして変えた場合のカーブの変化が示されている．$V_{DS}\leq V_{Dsat}$ の範囲の非飽和領域では，V_{DS} の増大に伴って電流が増加する．しかし，ピンチオフを起こしたあとの，飽和領域と呼ばれる $V_{DS}\geq V_{Dsat}$ の範囲では電流値が一定値になっている．

ピンチオフを起こすドレイン電圧 V_{Dsat} を求めるには，(4.24) 式で $|Q_i(L)|=0$ とおいて $v(L)=V_{DS}$ の値を求めればよく

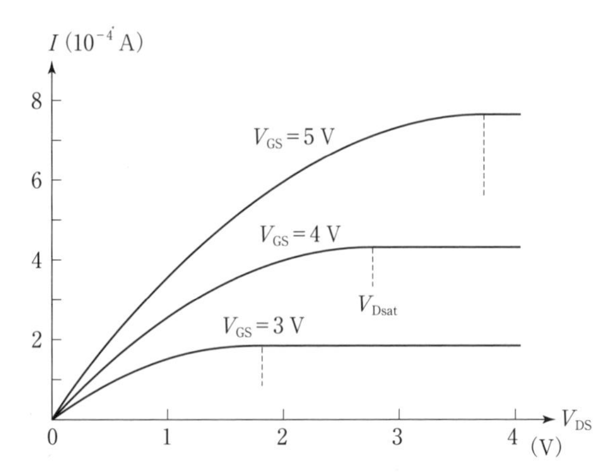

図 4.8　(4.27) 式による古典的 MOSFET の I-V 特性
$V_{\mathrm{DS}} > V_{\mathrm{Dsat}}$ は飽和領域．$L = W = 0.5\ \mu\mathrm{m}$，$t_{\mathrm{ox}} = 20\ \mathrm{nm}$，$N_{\mathrm{a}} = 5\times10^{15}\ \mathrm{cm}^{-3}$.

$$V_{\mathrm{Dsat}} = V_{\mathrm{GS}} - V_{\mathrm{FB}} - 2\psi_{\mathrm{B}} + \frac{\varepsilon_{\mathrm{s}} q N_{\mathrm{a}}}{C_{\mathrm{ox}}^2}\left\{1 - \sqrt{1 + \frac{2C_{\mathrm{ox}}^2}{\varepsilon_{\mathrm{s}} q N_{\mathrm{a}}}(V_{\mathrm{G}} - V_{\mathrm{FB}} + |V_{\mathrm{BS}}|)}\right\} \tag{4.30}$$

と得られる．これを (4.27) 式に代入すればトランジスタの飽和電流が求められる．

(4.27) 式で V_{DS} が小さい場合 ($V_{\mathrm{DS}} \ll (2\psi_{\mathrm{B}} + |V_{\mathrm{BS}}|)$) には右辺の項を V_{DS} で展開することができて，その第 2 次まで展開した式[4)] は

$$I = \frac{W}{L}\mu C_{\mathrm{ox}}\left[(V_{\mathrm{GS}} - V_{\mathrm{t}})V_{\mathrm{DS}} - \frac{m}{2}V_{\mathrm{DS}}^2\right] \tag{4.31}$$

と簡単化される．ここに，m は

$$m = 1 + \frac{1}{C_{\mathrm{ox}}}\sqrt{\frac{\varepsilon_{\mathrm{s}} q N_{\mathrm{a}}}{4\psi_{\mathrm{B}} + 2|V_{\mathrm{BS}}|}} \tag{4.32}$$

と表され，基板電圧 V_{BS} の効果を表すのでボディ効果定数と呼ばれている．キャリヤの有効質量との混同はないであろう．m の値は，(4.2) 式および (4.6) 式から $|V_{\mathrm{BS}}|$ の効果が考慮されたバンドの曲がりを用いて，

$$m = 1 + \frac{\varepsilon_{\mathrm{s}}}{\varepsilon_{\mathrm{ox}}}\frac{t_{\mathrm{ox}}}{d_{\psi_{\mathrm{S}} = 2\psi_{\mathrm{B}} + |V_{\mathrm{BS}}|}} \tag{4.33}$$

と書き換えられる．$\varepsilon_{\mathrm{s}}/\varepsilon_{\mathrm{ox}} \simeq 3$ であるから，t_{ox} と d の比が充分に小さければ，m は 1 に近い値を取ることがわかる．ドレイン電流が (4.31) 式で表された場合の V_{Dsat} は，$x=L$ における (4.24) 式の右辺の根号の部分を $v(L)$ で展開

してその1次までとった式において $Q_i(L)=0$ とおくと

$$v(L)=V_{Dsat}=\frac{V_{GS}-V_t}{m} \tag{4.34}$$

と求められる．$V_{DS}>V_{Dsat}$ で，かつ V_{DS} が小さいという近似が成り立つ場合の飽和電流を I_{sat} とすると，

$$I_{sat}=\frac{1}{2}\frac{W}{L}\mu C_{ox}\frac{(V_{GS}-V_t)^2}{m} \tag{4.35}$$

この簡単な表現では $(V_{GS}-V_t)^2$ に比例する点が特徴的である．これに対して $V_{DS}\leq V_{Dsat}$ の非飽和領域では，ドレイン電流は(4.27)式や(4.31)式で表される．

4.2.2 高電界の電流のモデル[4)]

MOSFET に高電界が印加されたり，あるいはチャネル長が短くなったりしてチャネル内の電界が増大すると，チャネル内のキャリヤ輸送に速度飽和の影響が表れてくる．例えば図 4.9[25)] はチャネル長 0.25 μm の短チャネルの MOSFET 特性であり，ドレイン電流値が長チャネルの素子の特性から単純に予想されるものに比べて著しく減少しているのがわかる．このような特性を解析するには，上記ドレイン電流の導出に用いた（2.36）式は使えなくなり代わりに（2.40）式を使う必要がある．$n=2$ の場合の解析はあまり見通しがよくないので，大まかな特性を求めて基本的に何が起こるかを知るためならば $n=1$ の場合がわかりやすく，この場合の解析を行おう．（2.35）式に（2.40）式を代入すると（4.25）式に当たる式が

$$I=W|Q_i(x)|\mu_{eff}\left\{\frac{dv(x)}{dx}\Big/\left(1+\frac{\mu_{eff}}{v_{sat}}\frac{dv(x)}{dx}\right)\right\} \tag{4.36}$$

という形に変化する．分母を払って

$$I\left(1+\frac{\mu_{eff}}{v_{sat}}\frac{dv}{dx}\right)=W|Q_i(x)|\mu_{eff}\frac{dv}{dx} \tag{4.37}$$

という関係式を得る．この式の右辺は，μ_{eff} を μ に変えると（4.25）式に与えた電流の式に一致し，$|Q_i(x)|$ は（4.24）式で与えられるので，$x=0$～L の区間にわたり x で積分すると再度（4.27）式の I を含む式を得る．（4.27）式の I は速度飽和が考慮されていない場合の電流で，ここでそれを $I_{non\ sat}$ と書くと，（4.26）式より

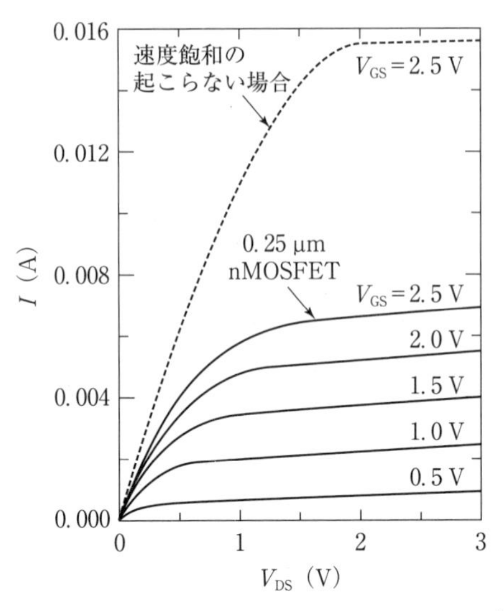

図 4.9　速度飽和の MOSFET の I-V 特性への影響[25)]
実線は 0.25 μm，nMOSFET の実測特性．破線は（4.35）式などによる同サイズの MOSFET の速度飽和の起こらない場合の特性．

$$I_{\mathrm{non\ sat}}=\frac{W}{L}\mu_{\mathrm{eff}}\int_0^{V_{\mathrm{DS}}}|Q_{\mathrm{i}}(x)|dv(x) \tag{4.38}$$

となる．(4.37) 式の両辺を $x=0\sim L$ の区間で積分した式にこの結果を用いて，I の表式を求めると

$$I=I_{\mathrm{non\ sat}}\Big/\left(1+\frac{\mu_{\mathrm{eff}}}{v_{\mathrm{sat}}}\frac{V_{\mathrm{DS}}}{L}\right) \tag{4.39}$$

という関係式が得られる．$I_{\mathrm{non\ sat}}$ の表式として（4.27）式を簡単化した（4.31）式を用いることにすると，

$$I=\frac{W}{L}\mu_{\mathrm{eff}}C_{\mathrm{ox}}\left[(V_{\mathrm{GS}}-V_{\mathrm{t}})V_{\mathrm{DS}}-\frac{m}{2}V_{\mathrm{DS}}^2\right]\Big/\left(1+\frac{\mu_{\mathrm{eff}}}{v_{\mathrm{sat}}}\frac{V_{\mathrm{DS}}}{L}\right) \tag{4.40}$$

というドレイン電流の表式を得る．これが線型領域のドレイン電流の式である．

V_{DS} の増大に伴いドレイン電流が増大していくが，この場合もドレイン電圧が V_{Dsat} と記される値を超えると一定の電流値に飽和することが知られている．飽和領域の表式は，以下にみるように（4.39）式が極大となる点で与えられる．このため，(4.37) 式を V_{DS} で微分してゼロとおいて

$$\left.\frac{dI_{\text{non sat}}}{dV_{\text{DS}}}\right|_{V_{\text{DS}}=V_{\text{Dsat}}}\left(1+\frac{\mu_{\text{eff}}}{v_{\text{sat}}}\frac{V_{\text{Dsat}}}{L}\right)-I_{\text{non sat}}\Big|_{V_{\text{DS}}=V_{\text{Dsat}}}\frac{\mu_{\text{eff}}}{v_{\text{sat}}L}=0 \tag{4.41}$$

を得る．一方，(4.38) 式を微分して

$$\left.\frac{dI_{\text{non sat}}}{dV_{\text{DS}}}\right|_{V_{\text{DS}}=V_{\text{Dsat}}}=\frac{W}{L}\mu_{\text{eff}}Q_{\text{i}}(x=L) \tag{4.42}$$

となるので，この関係を (4.41) 式に代入して整理すると

$$WQ_{\text{i}}(x=L)v_{\text{sat}}=I_{\text{non sat}}\big|_{V_{\text{DS}}=V_{\text{Dsat}}}\Big/\left(1+\frac{\mu_{\text{eff}}}{v_{\text{sat}}}\frac{V_{\text{Dsat}}}{L}\right)=I\big|_{V_{\text{DS}}=V_{\text{Dsat}}} \tag{4.43}$$

の関係式が得られる．これは，このときのチャネルのドレイン端におけるキャリヤ速度が v_{sat} に一致していることを示している．ところで，ドレイン端における (4.37) 式から

$$\left.\frac{dv}{dx}\right|_{x=L}=\frac{I}{W|Q_{\text{i}}(x=L)|\mu_{\text{eff}}-I(\mu_{\text{eff}}/v_{\text{sat}})} \tag{4.44}$$

となるが，この値は I に (4.43) 式を代入すると右辺が発散する．ドレイン電流は (4.39) 式に従いドレイン電圧とともに増大するが，V_{Dsat} に至って dv/dx がドレイン端で発散して，それ以上のドレイン電圧の増加に対してはチャネル内の電位が追随せず，この点で電流値が飽和することがわかる．速度飽和を考慮しない場合の MOSFET では，ピンチオフ点でキャリヤ密度がゼロになってキャリヤ速度が無限大に発散したが，速度飽和が起こる場合は，ドレイン端のキャリヤ密度がまだ有限に止まっている段階で，キャリヤ速度が v_{sat} の値で頭打ちになり電流飽和に至る．具体的な表式を求めるために $I_{\text{non sat}}$ を (4.31) 式で近似して代入して，

$$V_{\text{Dsat}}=\frac{v_{\text{sat}}L}{\mu_{\text{eff}}}\left[\sqrt{1+\frac{2\mu_{\text{eff}}(V_{\text{GS}}-V_{\text{t}})}{mv_{\text{sat}}L}}-1\right] \tag{4.45}$$

$$I_{\text{sat}}=WC_{\text{ox}}(V_{\text{GS}}-V_{\text{t}})v_{\text{sat}}\frac{\sqrt{1+2\mu_{\text{eff}}(V_{\text{GS}}-V_{\text{t}})/mv_{\text{sat}}L}-1}{\sqrt{1+2\mu_{\text{eff}}(V_{\text{GS}}-V_{\text{t}})/mv_{\text{sat}}L}+1} \tag{4.46}$$

という表式が得られる．

これらのドレイン電流モデルはどのように使い分けるべきであろうか．図 2.1 のデータによれば，電界が 2×10^4 V/cm 以上になれば顕著な速度飽和が起こることがわかる．したがって大雑把には $V_{\text{DS}}/L<2\times10^4$ V/cm であれば速度飽和のない (4.27)～(4.35) 式を使い，$V_{\text{DS}}/L\geq2\times10^4$ V/cm では (4.39) 式

以降の速度飽和を考慮した式を用いるべきといえる. 短チャネルになると, チャネル内の電界が大きくなり速度飽和を考慮した式を用いるべきと考えられるが, これには注意を要する. 速度飽和は熱平衡からのずれの小さい場合の枠組みで導かれており, その現象が起こるには, キャリヤがチャネル内で充分な距離を輸送され散乱やエネルギー緩和を受けて, 平均速度が v_{sat} である準平衡状態になることが求められる. そのためには, 素子のサイズがエネルギー緩和を引き起こす光学フォノン散乱の平均自由行程の数倍程度以上あることが必要であろう. 常識的には数 10 nm 程度より大きいチャネル長が必要と推定される. 極短チャネル MOSFET の電流モデルとして, (4.46) 式で $L \to 0$ として得られる

$$I_{\mathrm{sat}} = WC_{\mathrm{ox}}(V_{\mathrm{GS}} - V_{\mathrm{t}})v_{\mathrm{sat}} \tag{4.47}$$

は簡便で物理的意味もわかりやすい. しかし, 上記の議論によるとキャリヤの準熱平衡を前提としているこの式を, ごく微細な MOSFET に適用できる可能性は小さいとみられる. L が有限な大きさの MOSFET に (4.46) 式を適用した場合の電流値は, この値よりかなり小さい値となる. 実際は, 例えばチャネル長が数 10 nm 以下の MOSFET では, キャリヤ輸送の非平衡性が顕著となる. 緩和時間近似に基づくドリフト・拡散電流の枠組みの適用は困難な領域に入り, 2.2 節で議論した微細系の輸送理論に基づくドレイン電流のモデルが必要となる. なお, 関連して後出の 6.1 節の議論を参照されたい.

4.2.3 MOSFET のスケーリング則

第 1 章で触れたように, LSI の高集積化には MOSFET の微細化がクリティカルな役割を演じ, その微細化には基本的に次元解析の考え方に沿った MOSFET のスケーリング則[10) が活用された. そこでは, MOSFET の微細化に際し, 図 4.10 のように例えば全体を (1/κ) 倍というように一定比に縮小して相似な構造の MOSFET を作製することを目指した. その場合には, 縮小前と縮小後の素子特性に一定の関係が期待できるからである. さらに, その場合には素子内の電界分布も相似となり, 電界の値を不変に保つことも可能で, 微細化に伴う素子の耐圧劣化や短チャネル効果などの素子特性の劣化を, 有利な形で押さえ込める大きなメリットがある.

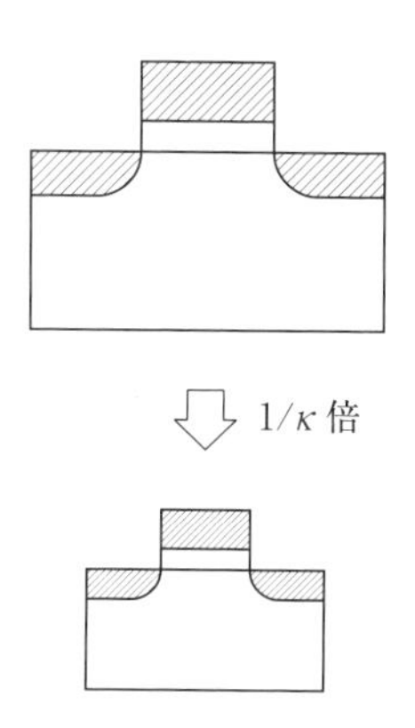

図 4.10 MOSFET の比例縮小

素子全体を相似な構造に比例縮小するには，幾何学的構造を規定する距離のパラメタ，例えばチャネル長 L やチャネル幅 W，酸化膜厚 t_{ox}，ソース・ドレインの拡散領域の厚さ，空乏層の厚さなどを同一の（$1/\kappa$）の比率で縮小する．これに加えて，素子内の電界を不変に保つことを要請しよう．電界は印加電圧を膜厚などの構造パラメタで割った量なので，印加電圧も同じ（$1/\kappa$）の比に縮小することになる．前出の（4.2）式 $d=\sqrt{2\varepsilon_s\psi_S/(qN_a)}$ により空乏層幅と表面ポテンシャルとが関連付けられているが，表面ポテンシャル ψ_S は基本的に電圧と同じ次元（単位で表現される）を持つ．空乏層幅と印加電圧の縮小比は矛盾を起こさないか問題となる．物理定数を不変として d と ψ_S の縮小比が上記の値でつじつまが合うためには，基板の不純物濃度 N_a が κ 倍となることが求められる．さらに，C_{ox} は t_{ox} の逆数なので同じく κ 倍になるが，キャパシタンスはこれに面積が掛かるため（$1/\kappa$）倍になる．ドレイン電流がどのようになるかは，非飽和領域に対しては（4.31）式，飽和領域に対しては（4.35）式をみればわかる．実は，どの式を用いても物理量の次元は変わらないので同様な結果が得られる．ただ，物理量としては同じ次元を持つ量であっても，物理定数などが含まれており人為的にコントロールできるパラメタばかりとは限らない点が問題を起こす．例えば，ゲート電圧 V_{GS} は印加電圧であって（$1/\kappa$）の大きさに調整できるが，閾値電圧 V_t は（4.28）式をみると電圧の縮小比（$1/\kappa$）倍に調整するのが困難にみえる．しかし，実は閾値電圧は，MOS 界面近くの固定電荷などのために元々理論どおりの制御が難しいパラメタであり，実際の製造プロセスではイオン打ち込み工程により望ましい値に設定している状況にある．このため製造工程をコントロールして V_t を（$1/\kappa$）に縮小するように設定すれば，（$V_{GS}-V_t$）が（$1/\kappa$）に縮小される．結局，ドレイン電流はいずれの場合も（$1/\kappa$）倍に縮小されることになる．トランジスタの駆動力としては低下する．しかし，負荷キャパシタンスに溜められた電荷を放電するのに要する回路のスイッチ時間は，例えば $(C_{ox}LW\times V)/I$ のような形に表され，これは（$1/\kappa$）に縮小される．すなわち，回路の動作時間は短くなって動作周波数が上昇し，回路は高速化されることになる．さらに，回路の消費電力は（$I\times V$）の表式なので（$1/\kappa^2$）のように変換され，素子の微細化により回路はより低消費電力になることがわかる．もちろん，LSI 上に素子の占める面積は（$1/\kappa^2$）の比で縮小するので，素子の微細化は同一機能の回路システムを作製したとき，より高速化，より低消費電力化が促進され，同一サイズの LSI ならば回路量の増加により，より高機能化が可能となることがわかる．MOS トランジスタの比例縮小則をまとめて表 4.1 に示した．

実際の集積回路においては事情がもう少し複雑であり，例えば MOS トランジスタでなくバイポーラ・トランジスタや抵抗素子などを流れる電流は上記の

表 4.1　MOS トランジスタの比例縮小則

	スケール比
構造パラメタ	
チャネル長 L，幅 W	$1/\kappa$
酸化膜厚 t_{ox}	$1/\kappa$
拡散深さ x_j	$1/\kappa$
空乏層幅 d	$1/\kappa$
不純物濃度 N_a	κ
印加電圧 V	$1/\kappa$
ドレイン電流 I	$1/\kappa$
MOS キャパシタンス $LW\cdot C_{ox}$	$1/\kappa$
回路当たりの遅延時間 $LW\cdot C_{ox}/I$	$1/\kappa$
回路当たりの消費電力 $V\cdot I$	$1/\kappa^2$
電界 F	1

規則に従わない．回路システムの待機時のリーク電流なども同様である．回路の負荷キャパシタンスも，負荷トランジスタでなく，配線などの浮遊キャパシタンスならばこれらの規則に従わず，したがって動作速度などに関する結果が変わってくる．

5

バリスティックな MOSFET の理論

MOSFET の微細化が進み，ナノスケールに近い素子が作られるようになって，従来の古典的な MOSFET の理論の適用に疑義が持たれるようになった．素子サイズが極微細化されて，キャリヤの平均自由行程の大きさを下回るようになると，素子内のキャリヤ輸送の様子を把握するにはバリスティック輸送の解析が必要となってくる．本章ではそのような側面の理解を目指して，極限の場合であるバリスティック MOSFET の特性を議論する[4, 26〜29]．

5.1　2 次元プラナー MOSFET

5.1.1　ドレイン電流

集積回路の高集積化に伴い，MOSFET の大幅な微細化が進められ，10 nm を切るナノスケール素子が作られている．このような極微細な素子の特性は，従来の μm レベルの大きさのマクロ・サイズ素子に比べて大きく変わることが予想される．従来のキャリヤ輸送の枠組みでは，電流は局所的な電界に支配されて決定され，離れた電極の影響は無視できるとしていた．このような枠組みの適用は不適切となり，2.2 節で紹介したように，電極から電極へのキャリヤの輸送をチャネル領域の透過確率を用いて議論する，極微細系の輸送の枠組みが必要となる．マクロ・スケールの素子では，サイズがキャリヤ散乱の平均自由行程に比べて充分に大きいために，素子内の局所々々においてキャリヤが充分な回数の散乱を受けて，局所的には熱平衡に近い状態にあると想定できていた．このため，キャリヤの輸送はいわゆる拡散型の輸送となった．これに対しナノスケールの素子では，キャリヤが微細な素子を横切るいわゆるトランシット・タイムが極めて短くなり，エネルギー緩和を伴うキャリヤ散乱を充分に受ける時間がなく，いわゆる準熱平衡の達成を期待できない．チャネル内のキャリヤのエネルギー分布には著しい非平衡性が伴い，準熱平衡を前提とした従来のデバイス理論は破綻する．さらに，素子のサイズが平均自由行程と同程度に近付けば，キャリヤが素子内で受ける散乱の回数は減少していわゆる準バリスティックなキャリヤ輸送の状態となる．微細化を一層進めて素子サイズが平均自由行程より充分に小さくなると，バリスティック輸送に近い状況も考えられる．実際には相当な極微細素子になっても少数回の散乱が残存し，この少数回の散乱が素子特性に大きな作用を及ぼすことが考えられる．このような系の解析においては，2.2 節で指摘したようにまず散乱の影響を除いたバリスティック輸送の特性を明らかにする．次いで第2ステップとして散乱の素子特性への影響を解析するのが上策である．この立場に立って，本節ではバリスティックな MOSFET のドレイン電流の表式を導出してその特性を議論しよう．

極微細な素子のキャリヤ輸送では，キャリヤがソースからチャネルを通ってドレインに輸送される透過確率を考える必要がある．透過確率の大きさはキャリヤのエネルギーに依存し，それを用いて電流が (2.57) 式のように表される．まずチャネル内の電子状態を考えてみよう．図 5.1 のような構造の n チャネルの MOSFET（キャリヤがホールでなく電子である MOSFET）を考えよう．反転層のチャネルが形成される MOS 界面が，2 次元の平面である MOSFET

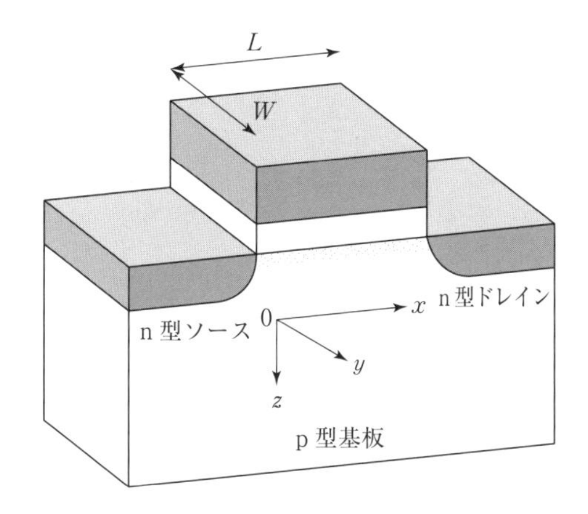

図 5.1 n チャネル MOSFET

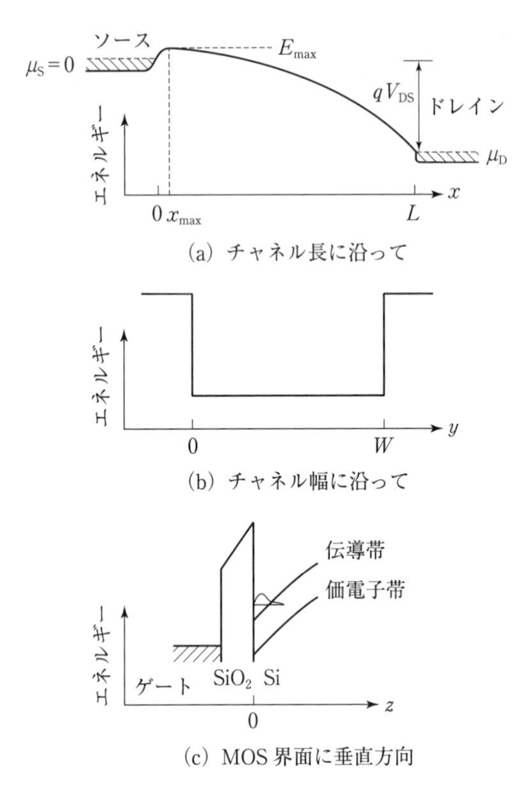

図5.2　nチャネルMOSFET内のポテンシャル・エネルギー分布
キャリヤはこの構造内に閉じ込められて，ソースからドレインに向かって流れる．

をプラナーMOSFETと呼ぶ．シリコン結晶の結晶面はMOS界面が（001）面に一致しているとする．ソースからドレインに向かうチャネル方向をx軸にとり，それに直交するチャネル幅方向にy軸をとる．酸化膜から基板に向かう方向をz軸とする．チャネル内のキャリヤのポテンシャル・エネルギーの分布は模式的に図5.2のように表されると考えられる．ソースおよびドレインの両電極は準熱平衡にあるキャリヤ溜めであり，基準となるソースのフェルミ・レベルは接地レベルであるとしよう．このレベルから測ってV_{DS}のドレイン電圧が印加されているドレインのフェルミ・レベルは$(-q)V_{DS}$のレベルにある．両レベルをつなぐチャネル内のポテンシャル・エネルギーの分布は，ソース端

の $x=0$ からドレイン端の $x=L$ まで（a）図のように滑らかに変化する．ドレイン電圧がある程度大きい場合を考えると，ソース・基板間の pn 接合の影響で，チャネルのソース端近くにポテンシャル・エネルギーが最大値をとる点があると考えられる．この点を $x_{\max}$ とする．短チャネルでドレイン・バイアスが大きい場合は，$x_{\max}$ はほとんどソース端に一致するとみられる．$x_{\max}$ 点ではポテンシャルの微係数がゼロになりキャリヤを加速したり減速したりする力が働かないので，$x_{\max}$ 点近傍のキャリヤの x 方向の運動状態は自由運動で近似できて，量子力学的には平面波で表すことができる．後でキャリヤの密度を考えるので，波動関数の規格化は単位長さ当たりに 1 とする．y 方向には，キャリヤはチャネル幅 W 内に拘束されている．したがってそのポテンシャル・エネルギーの分布は，（b）図のように $y=0\sim W$ 間の矩形の井戸型ポテンシャルで表すことができる．端点でのポテンシャル障壁が充分に高いと想定すると，y 方向に対応したキャリヤの運動の波動関数はよく知られている正弦波型の表式に帰着する．一方 z 方向のポテンシャル・エネルギーの分布は，（c）図のような MOS 接合の三角型のポテンシャル井戸により近似できる．このポテンシャルの井戸内に束縛された 2 次元反転層の電子状態は，z 方向の運動を記述するシュレーディンガー方程式を解いて得られる．近似的には，4.1.2 項で求めた飛びとびのエネルギー・レベル E_n の状態として求まる．そのようにして得られたエネルギー・レベルを E_{n_z} と記し，それに対応して求まる規格化された波動関数を $\varphi n_z(z)$ で表すことにする．ここに n_z は飛びとびの状態を表す量子数で整数値 (0, 1, 2, …) をとる．x, y, z 方向のポテンシャル・エネルギーがそれぞれ独立な関数により表されるので，キャリヤのハミルトニアンは x, y, z 各方向の成分の和の形に表せる．この場合には，$x_{\max}$ 点近傍におけるキャリヤの 3 次元の波動関数 $\psi(x, y, z)$ は各方向の波動関数の積として与えられ，近似的には

$$\psi(x, y, z) \simeq \exp(ikx) \cdot \sqrt{\frac{2}{W}} \sin\left(\frac{n_y \pi}{W} y\right) \cdot \varphi n_z(z) \tag{5.1}$$

と表すことができる．キャリヤのエネルギーを E とすると，チャネルの x 方向の運動を表すキャリヤの波数 k は

$$k = \pm \frac{1}{\hbar} \sqrt{2m_x \left\{ E - \frac{\hbar^2}{2m_y} \left(\frac{n_y \pi}{W}\right)^2 - E_{n_z} \right\}} \tag{5.2}$$

と表され，+はソースからドレインに向かう運動方向を示し，−は逆にドレインからソースに向かう方向を示す．x 方向の運動エネルギーは $(\hbar k)^2/2m_x$ で与えられる．有効質量の異方性を考慮して，x 方向および y 方向に関してそれぞれを m_x, m_y とする．n_y は y 方向のポテンシャル井戸内の運動状態を表す量子数で正の整数値（1, 2, …）をとる．波動関数は $y=0$ および $y=W$ でゼロになり，y 方向の運動エネルギーは $(\hbar^2/2m_y)(n_y\pi/W)^2$ で与えられる．このような電子状態がシリコンのバンド構造の各バレーに形成される．

さて，ソースからドレインに向かって流れる電流は（2.57）式を用いて計算できる．便宜上もう一度示しておこう．

$$I=\frac{2q}{h}\sum_i\int_{E_i}^{\infty}dE[f(E,\mu_S)-f(E,\mu_D)]T_i(E) \qquad (2.57：再掲)$$

本節では i は，$x_{\max}$ 点における電子状態を指定するバレーの番号と（n_y, n_z）のペアと理解できて，これらによりひとつの1次元サブバンドが指定される．E_i は i サブバンドの底のエネルギー，$T_i(E)$ は i で指定される伝導チャネルの透過確率である．キャリヤのエネルギーは（5.1）式から

$$E=\frac{\hbar^2k^2}{2m_x}+E_{n_z}+\frac{\hbar^2}{2m_y}\left(\frac{n_y\pi}{W}\right)^2 \qquad (5.3)$$

と与えられるが，便宜上二つの変数 E' および t を

$$E'=\frac{\hbar^2k^2}{2m_x}+E_{n_z} \qquad (5.4)$$

$$t=\frac{\hbar}{\sqrt{2m_y}}\frac{n_y\pi}{W} \qquad (5.5)$$

と定義してやると

$$E=E'+t^2 \qquad (5.6)$$

と表される．W が充分に大きい場合を考えて，飛びとびの n_y の変化に対して（5.5）式の t はほとんど連続的に変化するとみなして，i に関する和のうち n_y の和を

$$\sum_{n_y=1}^{\infty}\to\int_0^{\infty}\left(dt\bigg/\frac{\hbar}{\sqrt{2m_y}}\frac{\pi}{W}\right) \qquad (5.7)$$

と書き変えて，t についての積分で置き換えることとする．これにより（2.57）式の i に関する和および E に関する積分は

$$\sum_i \int_{E_i}^{\infty} dE \to \sum_{\text{valley}} \sum_{n_z} \int_0^{\infty} \left(1 \Big/ \frac{\hbar}{\sqrt{2m_y}} \frac{\pi}{W}\right) \int_{E_{n_z}}^{\infty} dt dE' \tag{5.8}$$

と置き換えられる．

次は，透過確率である．図 5.2 によればポテンシャル・エネルギーは $x_{\max}$ で極大値をとる．キャリヤのエネルギーがこの値より小さい場合は，キャリヤが $x_{\max}$ を越えてドレイン側に流れることができない．実は量子トンネル効果を考慮すると，$x_{\max}$ の障壁がごく薄い場合はキャリヤが小さい確率で障壁を突き抜けてドレイン側に流れ電流に寄与し得る．ここではそのような極短チャネルの場合を除くことにして，キャリヤのエネルギーが障壁の頂上のエネルギーよりも小さい場合は $T_i(E)=0$ としよう．頂上を越えるエネルギーを持つキャリヤはソースからドレインに向かって流れ，仮定によりこの間に散乱を受けない．しかし，通常の散乱以外にも，キャリヤの運動に影響を及ぼして透過確率を低下させる要因があり得る．ひとつはチャネル中にキャリヤが多く滞留した場合，その作る静電場によってソースから注入されたキャリヤが跳ね返される可能性である．元をたどれば電子同士の相互作用に起因する効果だが，通常の電子-電子散乱でなく電子電荷の作る平均場の効果である．純粋に 1 次元のバリスティック電流において知られる，空間電荷制限極限と呼ばれる状況はこのような効果に基づく．さらに，ドレイン端でのポテンシャル・エネルギーの段差などによる，量子力学的な反射も考えられる．最初の問題に関しては，MOSFET が 1 次元でない点に注意しよう．MOSFET の構造は平行平板型のキャパシタンスであり，チャネルにキャリヤが滞留しても，その電荷に対応する逆極性の電荷がゲート電極に誘起されて，滞留電荷の静電場を遮蔽する．このゲートによる遮蔽のため，バリスティック MOSFET では通常の空間電荷による電流の制限は起こらず，キャパシタンスに蓄えられた電荷に限定された電流が流れる．図 5.2(a) によれば，キャリヤのポテンシャル・エネルギーは $x_{\max}$ で最大となり両側に減少する．したがってキャリヤの運動エネルギーは $x_{\max}$ から両側に離れるにつれ増大し，平均速度も増大する．バリスティック電流では単位エネルギー当たりの電流密度が保存されるため，そのキャリヤ密度と平均速度の積が流れに沿って一定となる．つまり $x_{\max}$ から両側に離れるにつれキャリヤ密度が減少するため，電子-電子散乱の確率も，$x_{\max}$ から両側に離れるにつれ小さくなることもわかる．ドレイン端でのキャリヤの反射の可能性についても，人工的に作製されたデバイス構造では急峻なポテンシャルの段差の形成が困難であり，端点での著しい反射の可能性は小さいと考えられる．結局エネルギーがポテンシャルの頂上を越えるキャリヤに対しては，通常のキャリヤ散乱を除いてその運動を妨げる大きな障害はなく，したがってバリスティック輸送を想定するならば $T_i(E)=1$ と設定してよい．これで（2.57）式の計算は，フェルミ分布関数をエネルギーで積分することに帰着する．

（5.8）式の t による積分を

$$u=\frac{t^2}{k_{\rm B}T} \tag{5.9}$$

の積分に変数変換すると，$dt=(k_{\rm B}T/2t)\,du=\sqrt{k_{\rm B}T}\,(du/2\sqrt{u})=\sqrt{k_{\rm B}T}\,(d\sqrt{u}/du)\,du$ により

$$\begin{aligned}\sum_i\int_{E_i}^{\infty}f(E,\mu_{\rm S})\,dE&=\sum_{\rm valley}\sum_{n_z}\left(1\Big/\frac{\hbar}{\sqrt{2m_y}}\frac{\pi}{W}\right)\int_{E_{n_z}}^{\infty}dE'\int_0^{\infty}dt\frac{1}{1+\exp[(E'+t^2-\mu_{\rm S})/k_{\rm B}T]}\\&=\sum_{\rm valley}\sum_{n_z}(\sqrt{2m_y}\,W\sqrt{k_{\rm B}T}/\hbar\pi)\int_{E_{n_z}}^{\infty}dE'\int_0^{\infty}\frac{[(d/du)\sqrt{u}]\,du}{1+\exp[(E'-\mu_{\rm S})/k_{\rm B}T+u]}\end{aligned} \tag{5.10}$$

と変形できる．右辺の u による定積分は部分積分により

$$\begin{aligned}&\int_{E_{n_z}}^{\infty}dE'\int_0^{\infty}\frac{[(d/du)\sqrt{u}]\,du}{1+\exp[(E'-\mu_{\rm S})/k_{\rm B}T+u]}\\&=\int_{E_{n_z}}^{\infty}dE'\left\{\frac{\sqrt{u}}{1+\exp[u+(E'-\mu_{\rm S})/k_{\rm B}T]}\Bigg|_{u=0}^{u=\infty}\right.\\&\qquad\left.-\int_0^{\infty}\sqrt{u}\frac{d}{du}\left[\frac{1}{1+\exp[u+(E'-\mu_{\rm S})/k_{\rm B}T]}\right]du\right\}\end{aligned} \tag{5.11}$$

と変形できるが，右辺｛　｝内の第 1 項はゼロであり，第 2 項も

$$\frac{d}{du}\left[\frac{1}{1+\exp[u+(E'-\mu_{\rm S})/k_{\rm B}T]}\right]=kT\frac{d}{dE'}\left[\frac{1}{1+\exp[u+(E'-\mu_{\rm S})/k_{\rm B}T]}\right] \tag{5.12}$$

という関係が成り立つ（得られる式が等しくなる）ことを考慮すると，右辺の E' による積分を実行することができる．こうして

$$\sum_i \int f(E,\mu_{\mathrm{S}})\,dE = W\sum_{\mathrm{valley}}\sum_{n_z}\frac{\sqrt{2m_y}\,(k_{\mathrm{B}}T)^{3/2}}{\hbar\pi}\int_0^{\infty}\frac{\sqrt{u}}{1+\exp\left[u-(\mu_{\mathrm{S}}-E_{n_z})/k_{\mathrm{B}}T\right]}du \tag{5.13}$$

となる．ここで，一般に n 次のフェルミ・ディラック積分[30,31] と呼ばれる量が

$$F_n(y) = \int_0^{\infty}\frac{u^n}{1+\exp(u-y)}du \tag{5.14}$$

という式で定義されていることに注目しよう．(1/2) 次のフェルミ・ディラック積分を用いると (2.57) 式の電流値は結局，

$$I = W\frac{\sqrt{2}\,q(k_{\mathrm{B}}T)^{3/2}}{\pi^2\hbar^2}\sum_{\mathrm{valley}}\sum_{n_z}\sqrt{m_y}\left[F_{1/2}\left(\frac{\mu_{\mathrm{S}}-E_{n_z}}{k_{\mathrm{B}}T}\right)-F_{1/2}\left(\frac{\mu_{\mathrm{S}}-qV_{\mathrm{DS}}-E_{n_z}}{k_{\mathrm{B}}T}\right)\right] \tag{5.15}$$

とまとめられる．この式の右辺は各サブバンドからの寄与の和となっており，各々のサブバンドからの寄与は [　] 内の二つの項からなる．第 1 項はソースからドレインに向かうキャリヤの流れを表し，図 5.3 の x_{max} 点におけるサブバンドで $k\geq 0$ の正速度ブランチにサブバンドの底から μ_{S} まで分布したキャリヤの寄与からなる．また，第 2 項はドレインからソースに向かう流れを表し，同じく $k\leq 0$ の負速度ブランチにサブバンドの底から μ_{D} まで分布したキャリヤの寄与からなる．ソースからドレインに向かう正味の電流は，正速度のキャリ

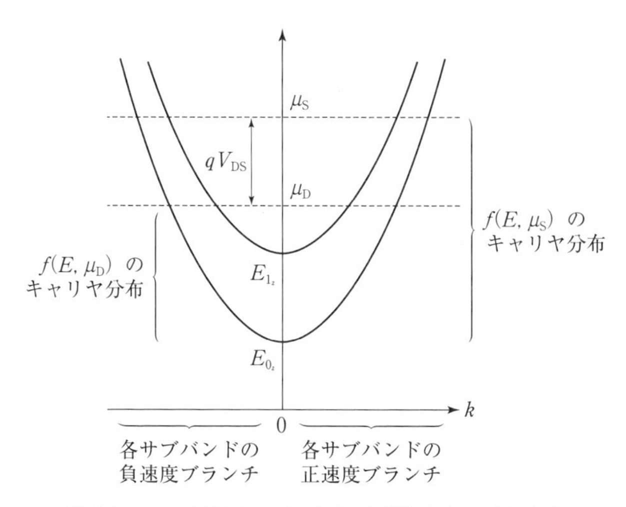

図 5.3　x_{max} 点におけるサブバンド構造とキャリヤ分布

ヤ・フラックスと負速度のキャリヤ・フラックスの差で表されることがわかる．実際にバイアス電圧を与えた場合のドレイン電流の数値を求めるには，サブバンドの底から測ったソース電極のフェルミ準位 μ_S の値を知ることが必要となる．この値を以下のようにして求めよう．

x_{max} 点におけるキャリヤ密度 $|Q_i|$ は MOS 接合の理論では（4.10）式を用いると $C_{ox}(V_{GS}-V_t)$ と与えられるが，界面近くのキャリヤの電子状態を考慮してもう少し精度を上げておこう．x_{max} 点の反転層の最低エネルギー・レベルを E_{0_z}，その束縛エネルギーの大きさを 4.1.2 項に従い E_0 として，基板電圧 V_{BS} を印加した場合に図 4.4 をもう少し正確に描くと図 5.4 のようになる．ここに φ_1，φ_2，φ_3 はバンド不連続の値などバンド構造に固定されたエネルギー量を表す．空乏層の厚さを d として，バンドの曲がり $\psi_S=qN_a d^2/2\varepsilon_s$ と空乏層の電荷密度 $|Q_d|=qN_a d$ とから空乏層の平均容量を $\bar{C}_d=|Q_d|/\psi_S=2\varepsilon_s/d$ としよう．V_{GS}，V_{BS} をソースのフェルミ・レベル μ_S から測るとすると，図からこれらはそれぞれ

$$qV_{GS}=\varphi_1-\varphi_2+q\phi_{ox}+E_0+(\mu_S-E_{0_z}) \tag{5.16}$$

$$qV_{BS}=\varphi_3-q\psi_S+E_0+(\mu_S-E_{0_z}) \tag{5.17}$$

表されることがわかる．また，図 4.4 と同様にガウスの定理から

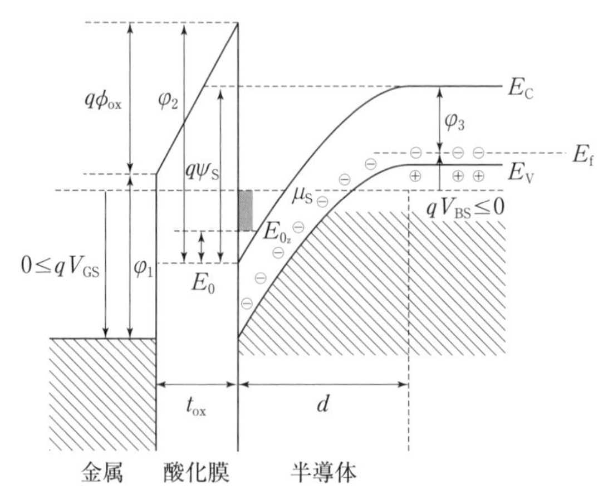

図 5.4　MOS 界面のやや詳しいエネルギー・バンド図
基板電圧 V_{BS} の印加も示されている．

$$\varepsilon_{ox}\frac{\phi_{ox}}{t_{ox}}=\bar{C}_d\psi_S+|Q_i| \tag{5.18}$$

という関係が得られる．(5.17) 式と (5.18) 式から ψ_S を消去し，得られた関係式

$$q\phi_{ox}=-q\frac{\bar{C}_d}{C_{ox}}V_{BS}+\frac{\bar{C}_d}{C_{ox}}\{\varphi_3+E_0+(\mu_S-E_{0_z})\}+\frac{q|Q_i|}{C_{ox}} \tag{5.19}$$

を (5.16) 式に代入して ϕ_{ox} を消去すると，

$$qV_{GS}-\left(\varphi_1-\varphi_2+\frac{\bar{C}_d}{C_{ox}}\varphi_3-q\frac{\bar{C}_d}{C_{ox}}V_{BS}\right)=\left(1+\frac{\bar{C}_d}{C_{ox}}\right)\{E_0+(\mu_S-E_0)\}+\frac{q|Q_i|}{C_{ox}} \tag{5.20}$$

となる．ここで酸化膜容量 C_{ox} と空乏層容量（あるいは一般には，寄生容量）の比として

$$\xi\equiv 1+\frac{\bar{C}_d}{C_{ox}} \tag{5.21}$$

とおき，また E_0 は $|Q_i|$ の関数なので $|Q_i|\to 0$ の場合のその値を $E_{0\,min}$ と書いて

$$V_t\equiv\frac{\varphi_1-\varphi_2+(\xi-1)\varphi_3}{q}-\frac{\bar{C}_d}{C_{ox}}V_{BS}+\frac{\xi E_{0\,min}}{q} \tag{5.22}$$

と定義すると (5.20) 式は

$$V_{GS}-V_t=\xi\frac{E_0-E_{0\,min}}{q}+\xi\frac{\mu_S-E_{0_z}}{q}+\frac{|Q_i|}{C_{ox}} \tag{5.23}$$

と変形される．ここに閾値 V_t の V_{BS} 依存性は単純でなく，$\bar{C}_d$ や ξ を通じても変化することに注意する．(5.23) 式の右辺第 1 項は，ゲート電圧の変化が束縛エネルギーの変化を通じて反転層電荷量の変化につながることを示しており，4.1.2 項で導入した反転層容量 C_{inv} を用いて近似的には

$$\frac{E_0-E_{0\,min}}{q}=\frac{|Q_i|}{C_{inv}} \tag{5.24}$$

と表すことができる．これを用いて (5.23) 式は

$$V_{GS}-V_t=\left(\frac{1}{C_{ox}}+\frac{\xi}{C_{inv}}\right)|Q_i|+\xi\frac{\mu_S-E_{0_z}}{q} \tag{5.25}$$

と書き直される. さらに同じく右辺第2項も $|Q_i|=0$ のとき 0 となると考えると,

キャパシタンス（単位面積当たり）の次元を持つ定数 C_Q を係数に用いて $|Q_i|$ の 1 次の項まで展開して

$$\frac{\mu_S - E_{0_z}}{q} = \frac{|Q_i|}{C_Q} \tag{5.26}$$

と書くと，結局（5.23）式は

$$V_{GS} - V_t = \frac{|Q_i|}{C_{eff}} \tag{5.27}$$

という表式にまでまとめられる．ここに C_{eff} は

$$C_{eff} = \left(\frac{1}{C_{ox}} + \frac{\xi}{C_{inv}} + \frac{\xi}{C_Q}\right)^{-1} \tag{5.28}$$

で与えられる．ここに与えたキャパシタンス C_Q は，実は後に状態密度のキャパシタンス C_D（2 次元の場合）として議論される量である．MOS キャパシタンスの一般的な議論は第 7 章で取り上げる．（4.9）式や（4.10）式に代わる関係が，（5.25）式ないし（5.27）式である．（5.25）式と（5.27）式とではひとつの大きな違いがある．（5.25）式はもともとの（5.20）式から導かれたエネルギー・レベル間の関係であり V_{GS} が V_t より大きくても小さくても成り立つ．しかし，（5.27）式は V_{GS} が V_t より小さくなるサブスレショルド領域では成立しない．ほとんど $|Q_i|=0$ となるので右辺はほぼ 0 だが，左辺は負の量になるからである．したがって，（5.25）式はサブスレショルド領域をカバーするが，（5.27）式は $V_{GS} \geq V_t$ でしか成立しない．

反転層のキャリヤ電荷全体は正速度チャネルに分布するキャリヤの電荷と負速度チャネルに分布するキャリヤの電荷とからなるので，キャリヤの運動する x 方向の 1 次元状態密度 $D_1(E)$ を用いて

$$|Q_i| = 2q \sum_{\text{valley}} \sum_{n_y} \sum_{n_z} \int dE \{D_1(E) f(E, \mu_S) + D_1(E) f(E, \mu_D)\} \tag{5.29}$$

と表すことができる．電荷密度にするため k 方向に単位長さを考えて $D_1(E)dE = dk/2\pi$ であるので，サブバンド内のキャリヤのエネルギーに関する積分を k の積分に変換できる．エネルギーに（5.3）式を代入すると，例えば（5.29）式の右辺の 2 項のうち μ_S に関する方の項は

$$2q \sum_{\text{valley}} \sum_{n_y} \sum_{n_z} \frac{1}{2\pi} \int dk \left[1 + \exp\left\{\left(\frac{\hbar^2 k^2}{2m_x} + E_{n_z} + \frac{\hbar^2}{2m_y}\left(\frac{n_y \pi}{W}\right)^2 - \mu_S\right) \Big/ k_B T\right\}\right] \tag{5.30}$$

となるが，(5.5) 式の t を導入して n_y についての和を (5.7) 式で積分に変え，さらに変数 k を，$s=\hbar k/\sqrt{2m_x}$ で定義される s に変数変換すると，

$$\frac{q}{\pi}\sum_{\text{valley}}\sum_{n_z}\frac{2\sqrt{m_x m_y}\,W}{\hbar^2\pi}\int_0^\infty\int_0^\infty dtds\left[1+\exp\left(\frac{t^2+s^2+E_{n_z}-\mu_\text{S}}{k_\text{B}T}\right)\right]^{-1} \tag{5.31}$$

となる．t, s に関する2重積分は極座標に変換して計算する．すなわち $r=\sqrt{t^2+s^2}$, $\tan\theta=t/s$ となる r, θ により，$dtds=rdrd\theta=(1/2)d(r^2)d\theta$ であり

$$\int_0^\infty\int_0^\infty dtds\left[1+\exp\left(\frac{t^2+s^2+E_{n_z}-\mu_\text{S}}{k_\text{B}T}\right)\right]^{-1}=\frac{\pi}{4}\int_0^\infty\left[1+\exp\left(\frac{r^2+E_{n_z}-\mu_\text{S}}{k_\text{B}T}\right)\right]^{-1}d(r^2)$$
$$=\frac{\pi k_\text{B}T}{4}\ln\left[1+\exp\left(\frac{\mu_\text{S}-E_{n_z}}{k_\text{B}T}\right)\right] \tag{5.32}$$

となるから，W として単位長さをとると (5.29) 式は結局

$$|Q_\text{i}|=\frac{qk_\text{B}T}{2\pi\hbar^2}\sum_{\text{valley}}\sum_{n_z}\sqrt{m_x m_y}\ln\left\{\left[1+\exp\left(\frac{\mu_\text{S}-E_{n_z}}{k_\text{B}T}\right)\right]\left[1+\exp\left(\frac{\mu_\text{S}-qV_\text{DS}-E_{n_z}}{k_\text{B}T}\right)\right]\right\} \tag{5.33}$$

となる．

以上に導かれた表式を組み合わせて，デバイスの構造やキャリヤの電子構造が既知の場合には，バイアス電圧が与えられたときに，バリスティックなMOSFETのドレイン電流値を算出することができる．まず (5.33) 式を (5.25) 式ないし (5.27) 式に代入すると，電子構造が与えられていて $(E_{n_z}-E_{0_z})$ の各値が既知である場合には，$(\mu_\text{S}-E_{n_z})=(\mu_\text{S}-E_{0_z})-(E_{n_z}-E_{0_z})$ なので未知数の $(\mu_\text{S}-E_{0_z})$ の値を解いて求める方程式が得られる．解を解析的に求めることはできないが，ニュートン法などの簡単な数値計算を用いてその数値を求めることができる．解から $(\mu_\text{S}-E_{n_z})$ の値を求めて (5.15) 式に代入すればドレイン電流値が算出できる．(5.25) 式を用いた場合はサブスレショルド領域をも計算できるが，(5.27) 式の場合には $V_\text{G}\geq V_\text{t}$ である強反転領域だけに限られる．(5.15) 式，(5.33) 式，および (5.25) 式ないし (5.27) 式の組は，バリスティック MOSFET のドレイン電流を求める多サブバンド公式を構成する．

多サブバンド公式では MOS 接合のサブバンド・エネルギーの値が必要となる．概略の大きさは 4.1.2 項の結果から見積もることができるが，より精度の

高い値の算出は反転層電荷による電界を考慮して数値計算する必要があり容易ではない．実際には，$10^{18}\,\mathrm{cm}^{-3}$ 程度の基板不純物濃度に対しては，最低サブバンドとその上のサブバンドとのエネルギー差が数十 meV あり，反転層キャリヤの 70～80% は最低サブバンドに収容されている．素子が微細化されて MOS 界面近傍の電界が激化すればこの割合はさらに増加する．バリスティック MOSFET の大まかな動作を議論するには，上方のサブバンドを無視して最低サブバンドひとつだけを考慮する近似法が，計算を簡単化できて現実的な方法である．MOSFET が（001）面上に形成されている場合を想定しているので，ひとつだけのサブバンドの場合には前述のとおり 6 個のバレーに属する各サブバンドのうち最低のエネルギー・レベルである縮退した 2 個のバレーの E_{0_z} レベルだけを考慮すればよい．これらは図 4.6 において回転楕円体の長軸が MOS 界面に垂直となるバレーである．（5.15）式および（5.33）式において，バレーに関する和を縮退度を表す係数 M_v（最低レベルのみを考慮する場合は $=2$）で置き換えると，n_z の和は E_{0_z} レベルからの寄与だけの単項となる．（5.33）式を（5.27）式に代入して，$(\mu_\mathrm{S}/E_{0_z})/k_\mathrm{B}T \equiv u$ と置き換えて，

$$C_\mathrm{eff}(V_\mathrm{GS}-V_\mathrm{t}) = \frac{qkT}{2\pi\hbar^2}M_\mathrm{v}m_t \ln\left\{[1+\exp(u)]\left[1+\exp(u)\exp\left(-\frac{qV_\mathrm{DS}}{k_\mathrm{B}T}\right)\right]\right\} \tag{5.34}$$

を得る．右辺の対数関数を指数関数の形に書き直して変形すると

$$\exp\left(-\frac{qV_\mathrm{DS}}{k_\mathrm{B}T}\right)\{\exp(u)\}^2 + \left\{1+\exp\left(-\frac{qV_\mathrm{DS}}{k_\mathrm{B}T}\right)\right\}\exp(u) + 1 - \exp\left\{\frac{2\pi\hbar^2 C_\mathrm{eff}(V_\mathrm{GS}-V_\mathrm{t})}{qk_\mathrm{B}TM_\mathrm{v}m_t}\right\} = 0 \tag{5.35}$$

この $\exp(u)$ に関する 2 次方程式を，根の公式を用いて解いて，u の形に書き直すと

$$u = \ln\left[\sqrt{\left\{1+\exp\left(\frac{qV_\mathrm{DS}}{k_\mathrm{B}T}\right)\right\}^2 + 4\exp\left(\frac{qV_\mathrm{DS}}{k_\mathrm{B}T}\right)\left\{\exp\left(\frac{2\pi\hbar^2 C_\mathrm{eff}(V_\mathrm{GS}-V_\mathrm{t})}{qk_\mathrm{B}TM_\mathrm{v}m_t}\right)-1\right\}} - \left\{1+\exp\left(\frac{qV_\mathrm{DS}}{k_\mathrm{B}T}\right)\right\}\right] - \ln 2 \tag{5.36}$$

が得られる．（5.15）式は

$$I = W\frac{\sqrt{2m_t}q(k_BT)^{3/2}M_v}{\pi^2\hbar^2}\left[F_{1/2}(u) - F_{1/2}\left(u - \frac{qV_{DS}}{k_BT}\right)\right] \tag{5.37}$$

となる．MOSFETの素子構造およびバイアス電圧が与えられた場合，(5.36)式によりuを算出し，その結果を（5.37）式に代入することによりドレイン電流を計算できる．これはバリスティックMOSFETのドレイン電流の単一サブバンドの公式であり，電流の算出にサブバンドに関する情報は不要となる．最低サブバンドに収容されるキャリヤが全体の80%である場合，上記のように$M_v = 2$とすれば励起サブバンドに入っている20%のキャリヤの寄与が無視される．この寄与自体は算入するが，簡単のため最低サブバンドに含めてしまうという近似方法をとることにすると，それには最低サブバンドの見かけの縮退度を12.5%増やして$M_v = 2.5$とすればよい．この方法により求めた電流電圧特性の一例を図5.5に示す．簡単のためC_{eff}はゲート膜$t_{ox} = 5$ nmのSiO_2膜相当の値と仮定してプロットしてある．特性は非飽和領域と飽和領域とが明確に区別され，バリスティックMOSFETであるにも関わらず図4.8の古典的なMOSFETと極めてよく似ていることがわかる．

5.1.2　注入速度

図5.5の非飽和/飽和領域の関係は，図5.3により理解できる．ドレイン電流の値は，ソースからドレインへ向かう正速度チャネルのフラックスと，逆方向に流れる負速度チャネルのフラックスの差とで決まる．$V_{DS} \sim 0$の場合は両速度チャネルのフラックスが拮抗して打ち消しあってドレイン電流はゼロに近づく．V_{DS}の増大に伴って負速度チャネルのフラックスは減少し，ドレイン電流は正速度チャネルの寄与の増大により増加する．この部分が非飽和領域である．さらにV_{DS}が増大して，μ_DがE_{0_z}を下回ると，負速度チャネルは消滅してドレイン電流は正速度チャネルのフラックスだけからなるようになる．この段階では，V_{DS}がさらに増大してもキャリヤ・フラックスの状況が変化せず，ドレイン電流値が一定値に飽和するようになる．したがってqV_{Dsat}の値は，図5.3の正速度チャネルのみにキャリヤが分布した場合から，($\mu_S - E_{0_z}$) あるいはフェルミ・レベルのk_BT程度のボケを考慮して（$\mu_S - E_{0_z} + k_BT$）程度の値と推定できる．単一サブバンド近似を用いれば，（5.34）式において，右辺の負チャネ

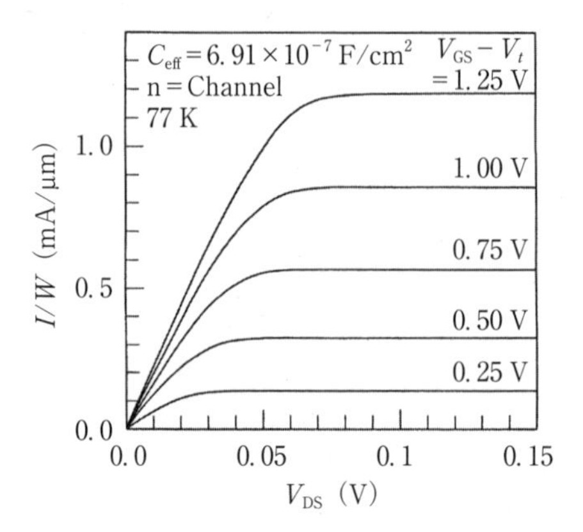

図 5.5 (5.36) 式, (5.37) 式による, シリコンの (100) 面上のバリスティック MOSFET の電流電圧特性[26)]
C_{eff} の値は 5 nm 厚さの SiO_2 膜相当とした.

ルのキャリヤからの寄与をゼロとした式を解いて u の値を求め，それを V_{Dsat} の式に代入すると

$$V_{\text{Dsat}} = \frac{k_{\text{B}}T + \mu_{\text{S}} - E_{0_z}}{q} \cong \frac{k_{\text{B}}T(1+u)}{q} = \frac{k_{\text{B}}T}{q}\left[1 + \ln\left\{\exp\left(\frac{2\pi\hbar^2 C_{\text{eff}}(V_{\text{GS}} - V_{\text{t}})}{qk_{\text{B}}TM_{\text{v}}m_t}\right) - 1\right\}\right] \tag{5.38}$$

という形に V_{Dsat} の表式が求められる．

(5.15) 式に与えられたバリスティック MOSFET のドレイン電流には，当然ながら散乱の効果を表す移動度は含まれていない．q とか m とか $\hbar$ とかという極めて基本的なパラメタだけで記述されている．古典的な MOSFET における代表的なパラメタは移動度であり，それはひとつのパラメタで極めて複雑な機構をまとめて代表しているため，従来その大きさの評価はほとんど実測に頼るしかなかった．そのような複雑な量を含まないバリスティックな MOSFET の簡明さは対照的である．

もうひとつの大きな特徴は，ドレイン電流の値がチャネル長に依存しないことである．古典的な MOSFET の場合は，(4.27) 式のようにチャネル長に反比例し，チャネル長が短いほど増大する．したがって MOSFET の電流駆動力をあげる手段のひとつとして，微細化しチャネル長を短くすることが志向

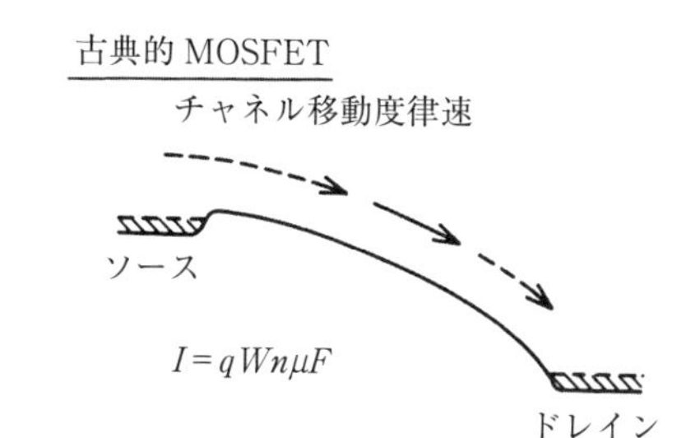

(a) 古典的 MOSFET におけるチャネル移動度律速

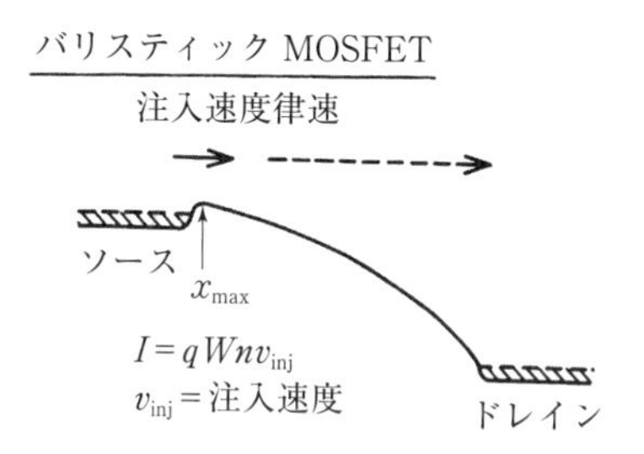

(b) バリスティック MOSFET の注入速度律速

図 5.6　MOSFET の電流制御

されてきた．しかし，バリスティックなデバイスではその前提が崩れ，チャネル長に依存しなくなる．その変化は素子の電流制御機構の差による．図 5.3 の正速度チャネルと負速度チャネルの両方に寄与がある場合は複雑となるので，正速度チャネルのみにキャリヤが分布する飽和電流の場合をみてみよう．キャリヤはソースからドレインに向かって流れ，逆方向の流れはない．古典的な MOSFET の場合には，図 5.6(a) のように飽和領域でも電流値が基本的に (2.29) 式にならって ($qWn\mu F$) という形で与えられ，その大きさはキャリヤの散乱される度合いを反映したチャネル移動度により制御されている．この制御機構を「チャネル移動度律速」と呼ぼう．キャリヤ速度は電界 F に比例し，電界の大きさはチャネル長に反比例するため，ドレイン電流もチャネル長に反比例する．これに対しバリスティックな MOSFET では，(b) 図のようにキャリヤは x_{max} 点からチャネルに注入された後，散乱されることなくそのまますべてドレインに流れ込んで電流値を形成する．x_{max} 点におけるキャリヤの平均速度を v_{inj} とすると，電流値は ($qWnv_{\text{inj}}$) で与えられる．v_{inj} はキャリヤがソースからチャネルに注入される平均速度なので，これを注入速度と呼ぼう．電流値は当初の注入速度で決まりチャネルの長さによらないので，ドレイン電流のチャネル長依存性が消失する．この電流制御機構は「注入速度律速」と呼ぶことができる．非飽和領域の特性は，ソースからのキャリヤ注入とドレインからのキャリヤ注入の重ね合わせとして理解される．一歩進めて，チャネル内のキャリヤ散乱をも想定する準バリスティックなキャリヤ輸送においては，ソースからのキャリヤ注入とドレインからのキャリヤ注入との相互作用を考える必要が出てくる．キャリヤがソース側のみから注入される飽和領域における注入速度は，上記のようにこの注入フラックスの平均速度となる．注入速度はこのように，ソースから正速度チャネルに注入されて，散乱が存在しなければそのままドレインに輸送されることとなるキャリヤ・フラックスの平均速度であり，散乱により正・負速度の両チャネルに分布したキャリヤ全体の平均速度とは異なる．

飽和領域における注入速度の表式は，(5.15) 式から得られる飽和領域の電流密度を (5.33) 式から得られる飽和領域の電荷密度で割ることにより得られる．書き直して

$$v_{\mathrm{inj}} = \sum_{\mathrm{valley}} \sum_{n_z} \left[\frac{\dfrac{qk_{\mathrm{B}}T}{2\pi\hbar^2}\sqrt{m_x m_y}\ln\left\{1+\exp\left(\dfrac{\mu_{\mathrm{S}}-E_{n_z}}{k_{\mathrm{B}}T}\right)\right\}}{\dfrac{qk_{\mathrm{B}}T}{2\pi\hbar^2}\sum_{\mathrm{valley}}\sum_{n_z}\sqrt{m_x m_y}\ln\left\{1+\exp\left(\dfrac{\mu_{\mathrm{S}}-E_{n_z}}{k_{\mathrm{B}}T}\right)\right\}} \right] \times \left[\frac{\dfrac{\sqrt{2}q(k_{\mathrm{B}}T)^{3/2}}{\pi^2\hbar^2}\sqrt{m_y}F_{1/2}\left(\dfrac{\mu_{\mathrm{S}}-E_{n_z}}{k_{\mathrm{B}}T}\right)}{\dfrac{qk_{\mathrm{B}}T}{2\pi\hbar^2}\sqrt{m_x m_y}\ln\left\{1+\exp\left(\dfrac{\mu_{\mathrm{S}}-E_{n_z}}{k_{\mathrm{B}}T}\right)\right\}} \right] \tag{5.39}$$

と表示すると，右辺の二つの [　] のうち最初の [　] はバレーや n_z の値で指定された特定サブバンドのキャリヤ密度の全キャリヤ密度に対する割合を示しており，後方の [　] はそのサブバンドに属するキャリヤの注入速度に他ならない．全体の注入速度は，各サブバンドのキャリヤの注入速度を，サブバンドのキャリヤ密度の重みを付けて加重平均したものに等しい．まとめれば (5.39) 式は結局

$$v_{\text{inj}} = \frac{2\sqrt{2k_{\text{B}}T}}{\pi} \frac{\sum_{\text{valley}} \sum_{n_z} \sqrt{m_y} F_{1/2}\left(\frac{\mu_{\text{S}} - E_{n_z}}{k_{\text{B}}T}\right)}{\sum_{\text{valley}} \sum_{n_z} \sqrt{m_x m_y} \ln\left\{1 + \exp\left(\frac{\mu_{\text{S}} - E_{n_z}}{k_{\text{B}}T}\right)\right\}} \tag{5.40}$$

となる．その具体的な大きさを評価するために，キャリヤの統計分布を絞り込んだ場合について調べる．低温や，常温でもキャリヤ密度が大きくて $(\mu_{\text{S}} - E_{0_z}) \gg k_{\text{B}}T$ の場合は，サブバンド内にキャリヤが縮退してフェルミ分布関数がステップ関数の分布に近づく．このような場合にはフェルミ・ディラック積分を近似して $F_{1/2}(z) \approx (2/3) z^{3/2}$ とおくことができる[31]．(5.40) 式は簡単化されて

$$v_{\text{inj}} = \frac{4\sqrt{2}}{3\pi} \frac{\sum_{\text{valley}} \sum_{E_{n_z} < \mu_{\text{S}}} \sqrt{m_y} (\mu_{\text{S}} - E_{n_z})^{3/2}}{\sum_{\text{valley}} \sum_{E_{n_z} < \mu_{\text{S}}} \sqrt{m_x m_y} (\mu_{\text{S}} - E_{n_z})} \tag{5.41}$$

となる. 単一サブバンドのみを考慮に入れる近似を用いるとさらに簡単になり，それに飽和領域の (5.34) 式において $u \gg 1$ の場合の近似式を用いればゲート電圧と関連づけられて，

$$v_{\text{inj}} = \frac{4}{3\pi} \sqrt{\frac{2}{m_x}} (\mu_{\text{S}} - E_{n_z})^{1/2} = \frac{8\hbar \sqrt{C_{\text{eff}}(V_{\text{GS}} - V_{\text{t}})}}{3\sqrt{\pi q M_{\text{v}}}\, m_x^{3/4} m_y^{1/4}} \tag{5.42}$$

と得られる．縮退したキャリヤのいわゆるフェルミ速度は $v = \sqrt{2(\mu_{\text{S}} - E_{0_z})/m_x}$ と与えられるので，上の式は注入速度がフェルミ速度よりやや小さい値となることを示している．また，ゲート電圧の増加に伴って，μ_{S} の増大を通じて注入速度が増大することもわかる．

上記の場合と反対に，キャリヤ密度が比較的に小さい場合や，あるいは温度が比較的に高い場合などで，$(\mu_{\text{S}} - E_{0_z}) \ll k_{\text{B}}T$ が成り立つときはキャリヤは非縮退となる．この場合は (2.47) 式のフェルミ分布をボルツマン分布

$$f(E, \mu) = \exp\left(\frac{\mu - E}{k_{\text{B}}T}\right) \tag{5.43}$$

で近似することができる. 分布関数の値自体が小さいので, $\ln[1 + \exp\{(\mu - E)/k_{\text{B}}T\}] \approx \exp\{(\mu - E)/k_{\text{B}}T\}$ という近似が可能であり，またフェルミ・ディラック積分はガンマ関数を用いて計算することができて，$F_{1/2}(z) \approx (\sqrt{\pi}/2) \exp(z)$ と近似することができる．この場合，(5.39) 式の後の [　] の項を示すサブ

バンドごとの注入速度は簡単化されて $\sqrt{2k_BT/\pi m_x}$ という表式となる．この速度は 3.1 節の（3.10）式で導入した熱速度の表式に一致しており，特定のサブバンドの正速度チャネルに，ボルツマン分布に従って分布するキャリヤの速度の平均値である．サブバンドの有効質量はバレーごとに異なるので，一般にはこのサブバンドごとの注入速度もサブバンドごとに異なる値をとり得る．全体の注入速度は（5.39）式に従い各サブバンドのキャリヤ密度を重みとして平均して

$$v_{inj} = \left\langle \sqrt{\frac{2k_BT}{\pi m_x}} \right\rangle \tag{5.44}$$

と与えられる．一般にこの平均値はサブバンドごとのキャリヤの分布割合がわからなければ求まらないが，(001) 面上の MOSFET の場合は以下のように評価できる．4.1.2 項でみたように，反転層の電子の基底状態を与える最低エネルギー・レベルは 2 重に縮退した E_0 であり，この場合は $m_x = m_t = 0.19m_0$ である．その上の数十 meV 離れたエネルギー・レベルは E_0' か E_1 だが，4 重縮退の E_0' は個々のバレーの向きにより異なり，4 重のうち 2 重分は $m_x = m_t$，残りの 2 重分は $m_x = m_\ell = 0.92m_0$ である．E_1 の場合は $m_x = m_t$ となる．つまり一部を除きほとんどのキャリヤは $m_x = m_t$ であるサブバンドに属しており，このためすべてのサブバンドに対して $m_x = m_t$ と仮定する近似も可能である．この近似方法によれば，すべてのサブバンドにおいて同一の注入速度となるので，全体の注入速度の平均もまた，300 K において，

$$v_{inj} = \sqrt{\frac{2k_BT}{\pi m_t}} = 1.2 \times 10^7 \text{ cm/s} \tag{5.45}$$

と一定値に与えられる．サブバンドごとに異なるエネルギー・レベルをとり得るにも関わらず，その詳細は注入速度に反映されない．

実際のシリコン MOSFET の場合には，キャリヤ密度の大きさによって上記の縮退・非縮退の 2 種類の統計分布の間を移り変わる状況と考えられ，その値によってどちらの近似がより適するかを見定める必要がある．シリコンの(001)面上の MOSFET に対して（5.40）式の注入速度[32] をプロットして図 5.7 に示した．最低サブバンドのみを考慮した単一サブバンドの場合と，E_0, E_0', E_1, E_2 程度まで考慮した多サブバンドの場合とが示されている．図から，キャリ

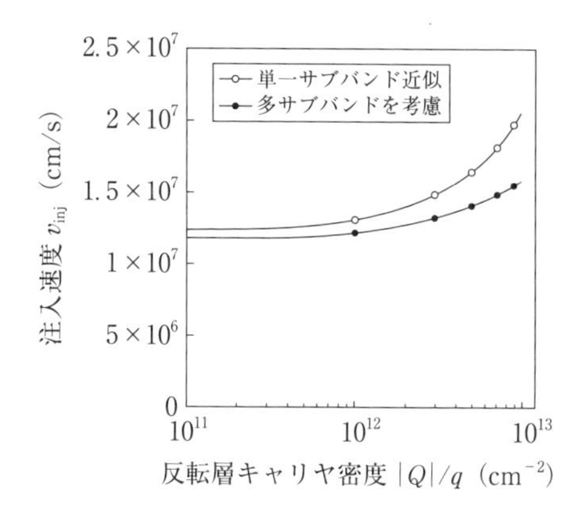

図 5.7　注入速度の反転層キャリヤ密度依存性[32)]
単一サブバンド近似の結果は，多サブバンドを考慮した場合に比べ過大な評価を与える．

ヤ密度が弱反転から低レベルの強反転にかけての，$10^{12}\,\mathrm{cm}^{-2}$ 台半ばより小さい場合は，ほぼ (5.45) 式の値を保つことがわかる．この領域ではボルツマン分布が有効であるといえる．それよりキャリヤ密度の大きい強反転領域では，キャリヤ密度の増大とともに v_{inj} の値が大きくなっているが，これは (5.42) 式の傾向と一致していて，キャリヤ縮退の効果である．単一サブバンドの場合は，励起状態のサブバンドを考慮した場合に比べて過大な見積もり値を与える．上のサブバンドを考慮しないときはキャリヤの分布できる状態数が不足して，サブバンドの上部にあるエネルギーの大きな状態まで占拠することとなって，(5.42) 式中の μ_S の値を押し上げるからである．

5.1.3　キャリヤ統計とドレイン電流

キャリヤ分布の統計が対照的な両極限の場合には，注入速度の表式が簡単化されることをみた．この考え方をより進めて，ドレイン電流の簡単化された表式を求めてみよう．キャリヤが強く縮退している $(\mu_S - E_{0_z}) \gg k_B T$ の場合には，単一サブバンドのみを考慮する近似のときには，注入速度が (5.42) 式のように簡単化された．(001) 面上の MOSFET にこの近似を用い (5.34) 式に $\ln[1+\exp\{(\mu-E)/k_B T\}] \approx (\mu-E)/k_B T$ を適用すると，

$$\mu_S - E_{0_z} = \frac{\pi\hbar^2 C_{\text{eff}}(V_{GS} - V_t)}{q m_t M_v} + \frac{qV_{DS}}{2} \tag{5.46}$$

という関係式を得る．ここに，$m_x = m_y = m_t$ とし，また最低サブバンドの縮退度を M_v とした．(5.15) 式にこの関係を代入して $F_{1/2}(z) \approx (2/3)z^{3/2}$ と近似すると，強く縮退しているときのドレイン電流の単一サブバンドの近似式が

$$I = W\frac{2\sqrt{2}M_v C_Q}{3\pi\sqrt{m_t}q}\left[\left\{\frac{qC_{\text{eff}}(V_{GS}-V_t)}{M_v C_Q} + \frac{qV_{DS}}{2}\right\}^{3/2} - \left\{\frac{qC_{\text{eff}}(V_{GS}-V_t)}{M_v C_Q} - \frac{qV_{DS}}{2}\right\}^{3/2}\right] \tag{5.47}$$

と得られる．ここにパラメタ C_Q は

$$C_Q \equiv \frac{q^2 m_t}{\pi\hbar^2} = 1.27 \times 10^{-5}\ \text{F/cm}^2 \tag{5.48}$$

という式で与えられ，すでに (5.26) 式で登場しているパラメタの単一サブバンドの場合の表式である．第 7 章で詳しく論ずる，2 次元の自由なキャリヤの状態密度に起因するキャパシタンスである．状態密度にキャリヤが下から充填されていく現象は量子力学のパウリの原理を基礎としているため，この量は量子キャパシタンスと呼ばれることもある．一方 V_{Dsat} は，ドレインからソースに向かう電流を表す右辺の二つめの{　}の内部がゼロとなる条件から

$$V_{\text{Dsat}} = \frac{2C_{\text{eff}}(V_{GS} - V_t)}{M_v C_Q} \tag{5.49}$$

と求められる．(5.38) 式ではフェルミ・レベルの $k_B T$ 程度のボケを考慮したが，こちらの表式には考慮されていない．(5.47) 式は $V_{DS} \leq V_{\text{Dsat}}$ のドレイン電圧に対してのみ有効であり，$V_{DS} \geq V_{\text{Dsat}}$ の領域を記述する飽和電流の表式は，(5.49) 式を (5.47) 式の V_{DS} に代入して

$$I_{\text{sat}} = \frac{8}{3}W\frac{\sqrt{q}\{C_{\text{eff}}(V_{GS} - V_t)\}^{3/2}}{\pi\sqrt{m_t}M_v C_Q} \tag{5.50}$$

という形に与えられる．一方，非縮退の $(\mu_S - E_{0_z}) \ll k_B T$ の場合にはボルツマン分布が適用できる．(5.33) 式の対数関数に近似式を用い，さらに前と同じく各サブバンドに対し $m_x = m_t$ ととる近似法を行うと

$$\sum_{\text{valley}}\sum_{n_z}\sqrt{m_y}\exp\left(\frac{\mu_S - E_{n_z}}{k_B T}\right) = \frac{2\pi\hbar^2}{qk_B T\sqrt{m_t}}C_{\text{eff}}(V_{GS} - V_t)\left\{1 + \exp\left(-\frac{qV_{DS}}{k_B T}\right)\right\}^{-1} \tag{5.51}$$

という関係が得られる．(5.15)式のフェルミ・ディラック積分を近似式で表し，上記の関係式を用いると，非縮退の場合のドレイン電流が求められて

$$I = WC_{\mathrm{eff}}(V_{\mathrm{GS}} - V_{\mathrm{t}})\sqrt{\frac{2k_{\mathrm{B}}T}{\pi m_t}}\left\{1 - \exp\left(-\frac{qV_{\mathrm{DS}}}{k_{\mathrm{B}}T}\right)\right\}\left\{1 + \exp\left(-\frac{qV_{\mathrm{DS}}}{k_{\mathrm{B}}T}\right)\right\}^{-1} \tag{5.52}$$

となる.このドレイン電流の表式はドレイン電圧の全領域に対して有効であり，飽和電流は $V_{\mathrm{DS}} \to \infty$ の極限をとって

$$I_{\mathrm{sat}} = WC_{\mathrm{eff}}(V_{\mathrm{GS}} - V_t)\sqrt{\frac{2k_{\mathrm{B}}T}{\pi m_t}} \tag{5.53}$$

と求められる．飽和領域を分ける V_{Dsat} は，例えば飽和電流の90％に達するドレイン電圧とするならば，$V_{\mathrm{Dsat}} = 3k_{\mathrm{B}}T/q$ 程度となる．(5.52)，(5.53) 式はサブバンド構造への依存性を持たない．$m_x = m_t$ の近似により各サブバンドの注入速度をすべて等しいと仮定した結果，サブバンドの詳細がドレイン電流に影響しなくなったからであり，全サブバンドを考慮した結果を与えている．

I_{sat} の表式としては，キャリヤが完全に縮退している場合は v_{inj} が (5.42) 式で与えられ，非縮退の極限では同じく (5.44) 式で与えられるとすると，いずれの場合も

$$I_{\mathrm{sat}} = WC_{\mathrm{eff}}(V_{\mathrm{GS}} - V_{\mathrm{t}})v_{\mathrm{inj}} \tag{5.54}$$

という形に書くことができる．それは，ソースからチャネルに注入されるキャリヤのフラックスがそのままドレイン電流となることを意味している．

(5.15)，(5.33) 式は $\hbar$ を含んでいる．これは，キャリヤがパウリの原理を満たしながら有限の状態密度の中にフェルミ分布関数に従って分布する，という量子力学的効果を基礎においてドレイン電流を計算したためである．この流れを受けて (5.47)，(5.50) 式も C_{Q} の形で $\hbar$ への依存性を保持している．しかし，ボルツマン分布を想定した (5.52)，(5.53) 式には $\hbar$ への依存性がみられなくなっている．ゲート電界により誘起されるキャリヤ密度は $C_{\mathrm{eff}}(V_{\mathrm{GS}} - V_{\mathrm{t}})$ で，C_{eff} 中の量子キャパシタンス成分を無視するならば量子効果によるものではない．古典的なボルツマン分布ではサブバンドごとの注入速度が $\hbar$ に依存しない熱速度となり，$m_x = m_t$ の近似のために全体の注入速度もまた $\hbar$ に依存しない (5.45) 式に等しくなる．(5.52)，(5.53) 式は，サブバンドへの依存性がなくなるとともに量子効果の影響もなくなったといえる．

移動度を用いて表された古典的なMOSFETの飽和電流は（4.35）式の通り$(V_{GS}-V_t)^2$に比例していた．バリスティックなMOSFETにおいては，キャリヤが縮退した場合は（5.50）式のように$(V_{GS}-V_t)^{3/2}$に比例し，非縮退の場合は（5.53）式のように$(V_{GS}-V_t)$に比例する．これらの差はそれぞれの動作機構の違いを反映し，それぞれをはっきり特徴づけている．飽和電流はチャネル入口部分のキャリヤ密度と平均速度との積に比例する．キャリヤ密度はいずれの場合でも$(V_{GS}-V_t)$に比例する．移動度を用いて表された古典的なMOSFETでは，平均速度が電界$(V_{GS}-V_t)/L$に比例するため電流は$(V_{GS}-V_t)^2$に比例する．バリスティックなMOSFETの場合は平均速度が注入速度に代わるが，キャリヤが縮退した場合にはこれが（5.42）式のように$(V_{GS}-V_t)^{1/2}$に比例するので，電流は$(V_{GS}-V_t)^{3/2}$に比例することとなる．非縮退である場合には注入速度が（5.45）式のように一定速度になるので，結局電流は$(V_{GS}-V_t)$のみに比例する．バリスティックなMOSFETにおいて，V_{GS}が増大するにつれて非縮退から縮退状態に移る方向なので，傾向としては$(V_{GS}-V_t)$に比例する状況から$(V_{GS}-V_t)^{3/2}$に比例する状況への移行の方向にある．

（5.47），（5.50）式と（5.52），（5.53）式との使い分けについては，前述したように$(\mu_S-E_{0_z})$とk_BTとの大小関係により分けることができる．簡単に（5.34）式を用いて単一サブバンドのみ取り入れた飽和領域の場合$(V_{DS}=\infty)$の$u=(\mu_S-E_{0_z})/k_BT$の値を見積もると，

$$u=\ln\left[\exp\left\{\frac{2\pi\hbar^2C_{\rm eff}(V_{GS}-V_t)}{qk_BTm_tM_v}\right\}-1\right] \tag{5.55}$$

と得られる．したがって（5.48）式を考慮すると300Kに対しては，

$$C_{\rm eff}(V_{GS}-V_t)>\frac{\ln(1+e)}{2}C_Q\left(\frac{k_BT}{q}\right)=1.35\times10^{12}q\ {\rm cm}^{-2} \tag{5.56}$$

の場合は縮退したキャリヤに対応する（5.47），（5.50）式を用いるとよく，また逆に

$$C_{\rm eff}(V_{GS}-V_t)<\frac{\ln(1+e)}{2}C_Q\left(\frac{k_BT}{q}\right)=1.35\times10^{12}q\ {\rm cm}^{-2} \tag{5.57}$$

の場合は非縮退キャリヤに対応する（5.52），（5.53）式を用いるのが適当である．

5.1.4　バリスティック電流と実測値

バリスティック電流は実デバイスの電流値を予測するものではない．実デバイスにおいては，バリスティック特性には考慮されていないキャリヤ散乱が大きな役割を演じて，ドレイン電流を減少させる．キャリヤ散乱の影響は図2.4の議論にみたように，微細化などデバイスの条件設定により大きく変わり，バリスティックに近い動作の出現もあり得る．その意味で，MOSFETのバリスティック特性はデバイスの高性能限界を示しているといえる．与えられた構造のデバイスは最大どの程度の電流を駆動可能かという限界の性能を示している．デバイスの性能に対するキャリヤ散乱の影響は，様々な要因により変化する．同じ構造に作製したはずであっても，製造プロセスの選択によりMOS界面の散乱体の構造や数は大きく変化し得る．MOSデバイスは理想的にはどの程度の性能が可能なのか，どのような素子特性を示すか，といった知見は有意義である．

さらに，同じ構造やバイアス条件のデバイスで，バリスティックな場合の電流値をI_{bal}，試作した素子の実測値をI_{exp}とおいたとき，その比b

$$b=\frac{I_{\mathrm{exp}}}{I_{\mathrm{bal}}} \tag{5.58}$$

を「バリスティック電流度」とするならば，bはキャリヤ散乱により電流値が減ずる割合を与え，試作された素子でキャリヤ散乱がどの程度強く作用しているかの指標として機能する．$b \approx 1$ならば，キャリヤ散乱の影響はほとんどなく理想的なキャリヤ伝導が実現しており，逆に$b \ll 1$ならばキャリヤ散乱が非常に強く作用していて電流値が低く抑えられていることを示唆している．通常作製される微細なMOSFETにおいてはbは0.5程度の大きさになっていることが多い．

バリスティックMOSFETの飽和電流密度[32]は反転層のキャリア密度の関数として一意的に決まる．$|Q_{\mathrm{i}}|$が与えられれば（5.33）式から（$\mu_{\mathrm{S}}-E_{0_z}$）が定まり，(5.15)式から単位幅当たりの電流値が確定するからである．そこには，

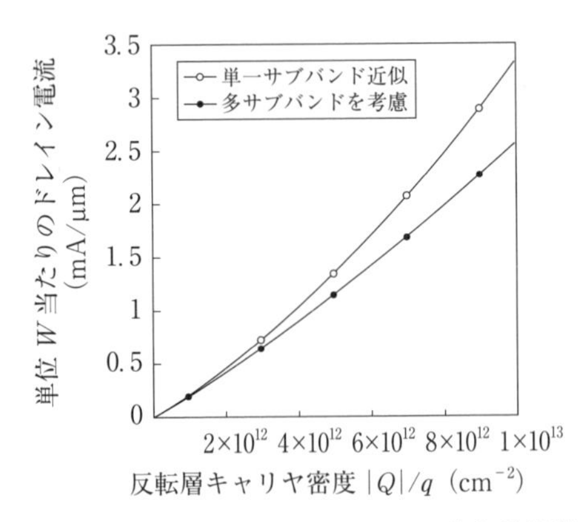

図5.8　バリスティックMOSFETの飽和電流密度の反転層キャリヤ密度依存性[32)]
単一サブバンド近似の結果は，多サブバンドを考慮した場合に比べて過大な評価となる．

デバイス構造のパラメタもバイアス電圧の値も要求されない．したがって，あらゆるパラメタ条件に対してバリスティックMOSFETの飽和電流を1枚の図により表すことができる．300 Kの場合のそのような図を図5.8に示す．注入速度と同じく，単一サブバンドしか考慮しない近似の場合は，実際の場合に比べ過大評価の値を与えることがわかる．SiO_2のゲート膜の場合，高電界に対する膜の長期的信頼性を鑑みて反転層のキャリヤ密度を10^{13} cm^{-2}以下に抑える必要があると想定すると，シリコンMOSFETの最大可能な電流密度は高々2.5 mA/μm程度に止まることが知られる．あるいは，$|Q_i|$を$C_{eff}(V_{GS}-V_t)$という形に書き表して，電流値の予測に便利な有効的な近似式で表すと

$$I_{sat} = WC_{eff}(V_{GS}-V_t)\{1.197\times10^7[\mathrm{cm/s}] + (4.186\times10^{-7}[\mathrm{cm^3/s}]/q)\,C_{eff}(V_{GS}-V_t)\} \quad (5.59)$$

という形に得られる．反転キャリヤ密度の増加に伴ってわずかにスーパーリニアに増加するのは，サブバンドにキャリヤが縮退して分布する傾向によって平均速度がわずかに増加することによる．

前述のように，バリスティックなMOSFETに比べて試作された実際のMOSFETは，キャリヤ散乱の効果のためにかなり小さい電流値を示す．しかし，キャリヤ散乱を抑制して極力性能を上げたデバイスにおいては，バリス

ティックな特性にかなり近い性能を示す場合がある．そのような一例をみてみよう．LSIの高集積化を目指して熾烈なトランジスタの微細化競争が繰り広げられていた前世紀の末，最初に100 nmを切った微細MOSFETの試作を報告[33]したのはIBM社のSai-Halaszたち（1987年）だった．彼らはその当時の微細化技術を駆使して70 nmのMOSFETを試作した[34]．キャリヤ散乱を抑制して高性能を得るため，彼らはチャネル部分の不純物濃度を減らし，厚めのゲート酸化膜（4.5 nm）を選択し，さらにフォノン散乱を減らすよう77 Kにおいてデバイス性能の評価をしている．試作されたデバイスは今までにない高い性能を示し，電流とMOSキャパシタンスとからキャリヤの平均速度を算出すると，シリコン中のキャリヤの飽和速度を越えていた．その性能の向上は，微細化による速度オーバーシュート効果と説明された．発表されたこの素子のI-V_{DS}特性を，同一構造のバリスティックMOSFETの同一温度における特性と比較した図[35]を図5.9に示した．点線がSai-Halaszたちの実測結果で，V_{GS}を0.2 Vから1.4 Vまで変化させている．これに対し同一条件のバリスティックMOSFETの特性が実線で表されている．ドレイン電圧の小さい部分は実線と点線とが大きく乖離しているが，ドレイン電圧が十分に大きくなったところでは一致がみられている．ドレイン電圧の小さい領域での不一致はキャリヤ散乱

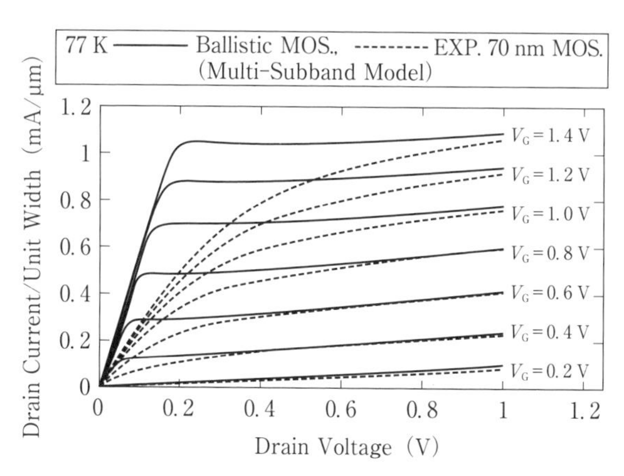

図5.9 70 nmのMOSFETのI-V_{DS}特性の実測値（Sai-Halasz et al., 1988；点線）と，バリスティックMOSFET特性（多サブバンドを考慮；実線）との比較[35]

の効果によるものであり，関連する議論は後出の準バリスティック MOSFET の項を参照されたい．ドレイン電圧の大きいところの一致は V_{GS} 依存性を含めて良好である．実測デバイスの場合，キャリヤ散乱を極力抑制したとはいえ，70 nm のチャネル長はキャリヤの平均自由行程に比べ十分に小さいとは予想しがたく，むしろこれほどまでの一致が得られることは驚きといえる．この点についても，関連する議論は上に触れた後出の項を参照されたい．いずれにせよ，移動度など実験・実測によって得られたパラメタの値を介在させることなくしては，これまで MOS デバイスの電流の実測値と計算による予測値との一致はあり得なかった．(5.15) および (5.33) 式という，普遍定数と有効質量および温度のみを用いた簡単な数式によって，その実測値が再現できたことは驚くべきことといえる．

5.2　3 次元立体構造 MOSFET

デバイスの微細化に伴い，短チャネル効果による特性劣化はますます大きな問題となってきた．短チャネル効果は，ソースやドレインの電極の電位がゲート直下のキャリヤの運動に影響を与えて，ゲート電極の電流制御性を劣化させる現象であり，微細化によりソース・ドレイン間の距離が小さくなるにつれて激しさを増す宿命を持つ．ゲート電極はキャリヤの流れに側面から電界を及ぼして電流を制御するので，電流制御性を向上させるために，ゲート電極がキャリヤ・フラックスのできるだけ広い側面に対置されていることが望まれる．このような観点から，3 次元的な立体構造を持つ MOSFET が各種提案されている．まず，MOSFET のチャネルの 2 次元電子ガスの裏と表の 2 方向からゲート電界で制御するダブル・ゲート MOSFET（図 5.10(a)）が提案された．この構造は，その特性は優れているが，実際にシリコンのウエファにこのような素子を多数造りつけて LSI を大量生産することは極めて困難である．より現実的で LSI の製造工程とも相性のよい構造として，最近は同図 (b) の FinFET 構造の開発が進められている．ソース，チャネルおよびドレイン部は，基板上に置かれた Fin と呼ばれる梁のような形状のシリコン部分に形成されている．通常梁部分の側面および上面にチャネルが形成されるので，梁の高さを

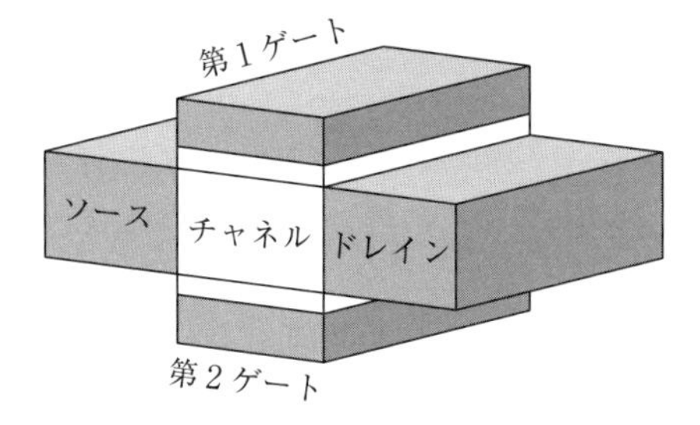

(a) ダブル・ゲート MOSFET

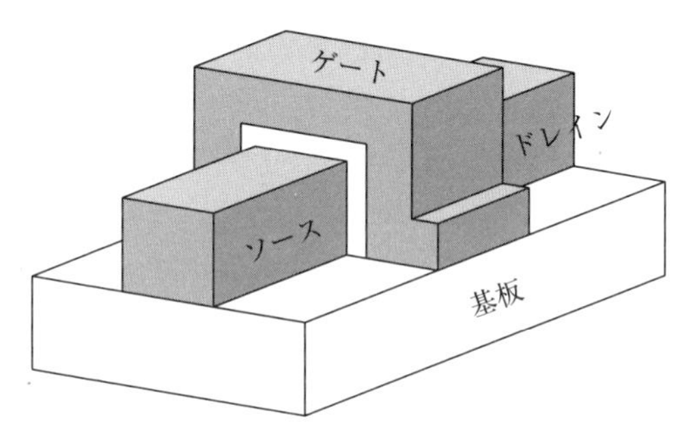

(b) FinFET

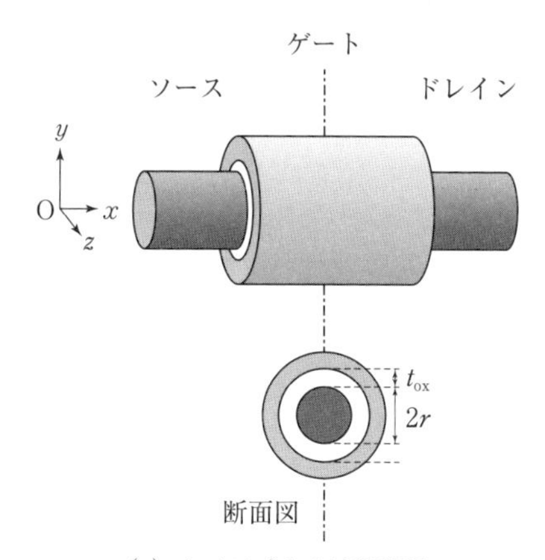

(c) ナノワイヤ MOSFET

図 5.10　3次元 MOSFET の構造

高く設定するとチャネル幅 W の大きいトランジスタとなる．チャネルが形成されているシリコン部分はゲート電極により3方向を囲まれており，対向面積が大きくゲートの制御性の向上が見込まれる．この傾向を極限まで進めた構造が，同図（c）に示すゲート・オールアラウンド型のナノワイヤMOSFETである．チャネル部はナノワイヤと呼ばれるナノサイズのシリコンのワイヤ部分に形成され，ゲートはワイヤ状のチャネル部の周囲を取り巻いている．ゲートによる優れた制御性が期待されている．ワイヤは円筒状に限らず，FinFETのような四角柱など，様々なパターンがあり得る．試作される素子は，角が丸みを帯び断面が台形であるデバイスが多く，一方円筒形状のデバイスが数値計算を用いて多く解析されている．FinFETにせよ，ナノワイヤMOSFETにせよ，その基本的な特徴はチャネルの断面が有限面積の図形となっており，量子力学が示すように断面内に閉じ込められたキャリヤのエネルギー・レベルが（2.46）式で説明したようにディスクリートな値となることである．このため，キャリヤの運動エネルギーはキャリヤの進行方向に1次元のエネルギー・バンド（サブバンド）構造をとる．断面内の運動のエネルギー固有値ごとにひとつのサブバンドがあり得るので，一群のサブバンドからの寄与の和となる．以下に，FinFETやナノワイヤMOSFETに対してバリスティックな場合の電流電圧特性の算出方法を導く．

素子電流は再度（2.57）式から導かれる．（2.57）式のiについての和が，各サブバンドからの寄与の和を表す．バリスティックなキャリヤ輸送であり，キャリヤがサブバンド内に存在するエネルギーに対しては透過確率が$T_i(E)=1$となる．［　］内の第1項はソースからドレインに向かう電流を，また第2項はドレインから注入されてソースに向かう電流を表す．（2.57）式においては（2.46）式のような単純なサブバンドを想定したが，実際の素子ではもう少し複雑な場合があり得るので，少し一般化した場合を考えておこう．例えば$E_i(k)$と表される1次元のサブバンドの構造が図5.11のような場合を考えてみよう．もちろん図2.3の素子内の$x_{\rm max}$点近傍におけるサブバンドである．1本の連続したサブバンドをとっても，$dE_i(k)/dk \geq 0$の部分と$dE_i(k)/dk \leq 0$の部分とが，それも場合によっては複数個所あり得て，それぞれの部分が電流に寄与する．$dE_i(k)/dk \geq 0$の部分に分布したキャリヤの速度は，ソースからドレインに向かう方向（正速度）を持ち，［　］内の第1項に寄与する．逆に$dE_i(k)/dk \leq 0$の部分のキャリヤはドレインからソースに向かう速度を持ち（負

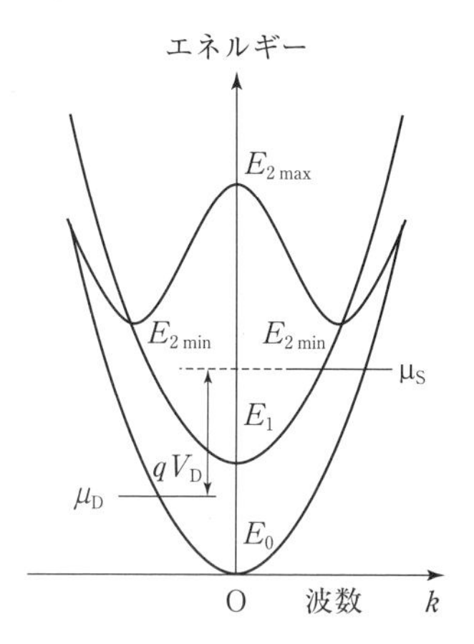

図 5.11　ナノワイヤのサブバンド例

速度)，同じく第2項に寄与する．サブバンドをこのように分割し，各部分から（2.57）式への寄与を計算しすべての和をとる．積分は容易に実行できて，

$$I=\frac{2qk_BT}{h}\sum_i g_i\left(\sum_{dE_i(k)/dk\geq 0\ \mathrm{part}}\ln\left\{\frac{1+\exp[(\mu_S-E_{i\min}(x_{\max}))/k_BT]}{1+\exp[(\mu_S-E_{i\max}(x_{\min}))/k_BT]}\right\}-\sum_{dE_i(k)/dk\leq 0\ \mathrm{part}}\ln\left\{\frac{1+\exp[(\mu_D-E_{i\min}(x_{\max}))/k_BT]}{1+\exp[(\mu_D-E_{i\max}(x_{\min}))/k_BT]}\right\}\right) \tag{5.60}$$

という表式が得られる．g_i はそれぞれの部分が多重に縮退しているときの縮退度である．例えば図5.11の下から3番目のサブバンドの $k\geq 0$ の方向に向かって延びる $dE_i(k)/dk\leq 0$ の部分からの寄与は，（5.60）式において $dE_i(k)/dk\leq 0$ の項に寄与し，その値は図の値を用いて $E_{i\min}=E_{2\min}$，$E_{i\max}=E_{2\max}$ を代入して計算できる．（2.57）式はエネルギーの積分なので直接計算することができて，一定の有効質量を持つ2次曲線で表せるかどうかは問題でない．一般式は複雑だが，もし各サブバンドが（2.46）式と類似に単一の最小値 E_i を持ち（$k=k_{i\min}$ においてとする），その両端が μ_S や μ_D に比べて充分に大きい値に向かって延びているならば，そのサブバンド全体からの寄与が大幅に単純化されて，（5.60）式は

$$I=\frac{2qk_BT}{h}\sum_i g_i\ln\left\{\frac{1+\exp[(\mu_S-E_i)/k_BT]}{1+\exp[(\mu_D-E_i)/k_BT]}\right\} \tag{5.61}$$

という形に与えられる．

もうひとつの重要な関係式は，ゲートの電界効果によりチャネル部分にキャリヤ電荷が誘起される記述だが，それは（5.25）式で論じたように

$$V_{GS}-V_t=\left(\frac{1}{C_{ox}}+\frac{\xi}{C_{inv}}\right)|Q_i|+\xi\frac{\mu_S-E_{0_z}}{q} \tag{5.62}$$

と与えられる．ここに E_{0_z} は最低サブバンドの E_i，比 ξ は

$$\xi\equiv 1+\frac{\bar{C}_d}{C_{ox}} \tag{5.63}$$

である．C_{ox} はゲート誘電体膜のキャパシタンス．（5.25）式では $\bar{C}_d$ は空乏層のキャパシタンスとしていたが，ここでは基板との間のキャパシタンスなどチャネル周りの寄生容量と考えることができる．以前これらの式が導入されたときは，これらの量はチャネルの単位面積当たりの値を示していた．今回，同一表現でありながら異なる式番号を付けて示したのは，これらの式に含まれるキャパシタンスおよびキャリヤ電荷 Q_i はチャネルの単位長さ当たりの値を表しており，前回と異なるためである．FinFET やナノワイヤ MOSFET の場合，ゲート膜の単位面積当たりのキャパシタンスは，ゲート誘電体膜の外側の周囲長を用いて考えるか内側の周囲長を用いて考えるかにより異なり明確でない．不確定さを避けるため単位面積当たりとせず，チャネルの方向に沿った単位長さ当たりの量で考えることとする．（5.62）式は，量子容量 C_Q を導入して有効ゲート容量 C_{eff} を定義し，前回と同じく

$$V_{GS}-V_t=\frac{|Q_i|}{C_{eff}} \tag{5.64}$$

$$C_{eff}=\left(\frac{1}{C_{ox}}+\frac{\xi}{C_{inv}}+\frac{\xi}{C_Q}\right)^{-1} \tag{5.65}$$

という近似表現を用いることもできる．もちろんこれらの容量も，チャネルの単位長さ当たりの量となる．

これらと並んで，サブバンド内にキャリヤがフェルミ分布に従って実際に分布することを表す関係式が必要である．正速度のサブバンド部分には，キャリヤがソースのフェルミ・レベル μ_S に従って分布し，負速度の部分には，ドレインのフェルミ・レベル $\mu_D=\mu_S-qV_{DS}$ に従って分布する．サブバンドを $E_i(k)$ と表して，その和を求めて Q_i は

$$|Q_\mathrm{i}|=\frac{q}{\pi}\sum_i g_i\left[\int_{k_{i\,\mathrm{min}}}^{\infty}\frac{dk}{1+\exp\{(E_i(k)-\mu_\mathrm{S})/k_\mathrm{B}T\}}+\int_{-\infty}^{k_{i\,\mathrm{min}}}\frac{dk}{1+\exp\{(E_i(k)-\mu_\mathrm{D})/k_\mathrm{B}T\}}\right] \tag{5.66}$$

と表現される．与えられた FinFET やナノワイヤ MOSFET に対して，C_ox や C_inv，$\bar{C}_\mathrm{d}$，C_Q などのゲート周りのキャパシタンスおよびサブバンドの $E_i(k)$ は既知であるとする．このとき任意の印加電圧に対するドレイン電流の値を，これらの諸式を用いて算出することができる．具体的には，(5.66) 式と，(5.62) あるいは (5.64) 式とを連立して $|Q_\mathrm{i}|$ を消去した式を求め，その式を数値的に解いて，$(\mu_\mathrm{S}-E_{0_z})$ の値を求める．この値を用いて (5.61) 式を計算するとそのときのドレイン電流値を得ることができる．

FinFET の C_ox は，最も簡単な近似の場合は平行平板キャパシタの組み合わせで求めることができる．ナノワイヤ FET の C_ox は，図 5.10(c) のような円筒型のワイヤの場合は容易に計算できて，その半径を r とすると

$$C_\mathrm{ox}=\frac{2\pi\varepsilon_\mathrm{ox}}{\ln\left(\dfrac{r+t_\mathrm{ox}}{r}\right)} \tag{5.67}$$

と表される．

ナノワイヤの実際的なエネルギー・バンド構造を用いて，上に示した MOSFET のドレイン電流を計算してみよう．図 5.12 は 1.34 nm 角（7 原子×7 原子）の，(100) 面を断面として [100] 方向に伸びたシリコンの矩形ナノワイヤのエネルギー・バンドを密度汎関数法により計算したものである（イタリア，ボローニャ大学 E. Gnani による）[36]．サブバンドから電流への寄与は，1 重の最低サブバンドおよび 3 重縮退の 2 番目のサブバンドからの寄与がほとんどであり，それらの寄与から構成される電流の大きさを計算する．図のサブバンド構造は矩形断面のナノワイヤのデータだが，同一断面積であればバンド構造へのキャリヤ分布状況は断面が矩形でも円筒形でも大きく異なることがないので，図 5.12 により同一断面積の円筒型ナノワイヤのバンド構造を近似することとする．ゲート膜は厚さ 1 nm の酸化膜として，ゲート・キャパシタンスへの寄与を C_ox のみとすると，ゲート・キャパシタンスはチャネル方向に単位長さ当たり $C_\mathrm{eff}=2.57\ \mathrm{pF/cm}$ と見積もられる．これらにより (5.62) 式と

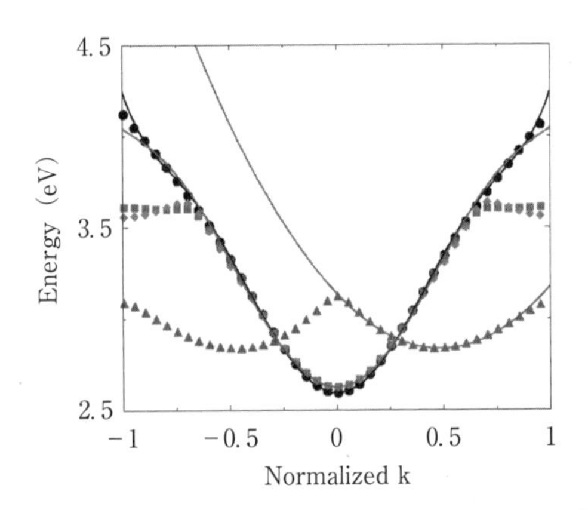

図 5.12　シリコンの断面が (110) 面であり，[100] 方向に伸びた 1.34 nm 角の矩形ナノワイヤのエネルギー・バンド

シンボルが密度汎関数法による計算結果．実線は多項式によるフィッティング．エネルギーは価電子帯の頂上より測る．(E. Gnani et al[36].)

(5.66) 式とを連立させて解いて $(\mu_S - E_{0_z})$ を求め，サブバンド構造の図から得られる最低および 2 番目のサブバンドの E_i 値を用いて (5.61) 式のドレイン電流を計算する．こうして得られた (110) 面を断面とする 1.51 nm 径のシリコン・ナノワイヤのバリスティック MOSFET の電流電圧特性を図 5.13[37] に示した．(a) 図は，I-V_{DS} 特性を $(V_{GS} - V_t)$ の値をパラメタとして示し，(b) 図は I-V_{GS} 特性を，V_{DS} の値をパラメタとして示してある．常温 300 K における特性と低温 4 K における特性と両方が示されている．この程度の大きさの素子においては，電流値は高々この程度の値となることがわかる．常温のカーブが滑らかに変化しているのに対し，低温では滑らかさがなくキンク構造がみられたりする．カーブの勾配はサブバンドの状態密度に大きく影響されるため，キャリヤが充填されていき異なるサブバンドにフェルミ・レベルが移動すると，状態密度の変化に応じて勾配は変化する．サブバンド内の状態へのキャリヤの分布の変化は，フェルミ・レベルを中心に $k_B T$ の幅にわたるため，勾配は $k_B T/q$ 程度の電圧幅にわたって変化する．低温ではこの幅が小さいため，電圧の変化に伴い急激に変化するようにみえ，キンク構造などが現れる．高温ではこの幅が大きくなだらかに変化するため，勾配の変化は滑らかとなる．

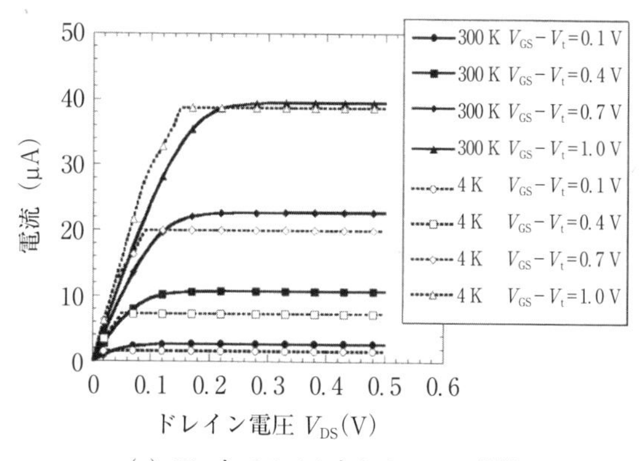

(a) V_{GS} をパラメタとした I-V_{DS} 特性

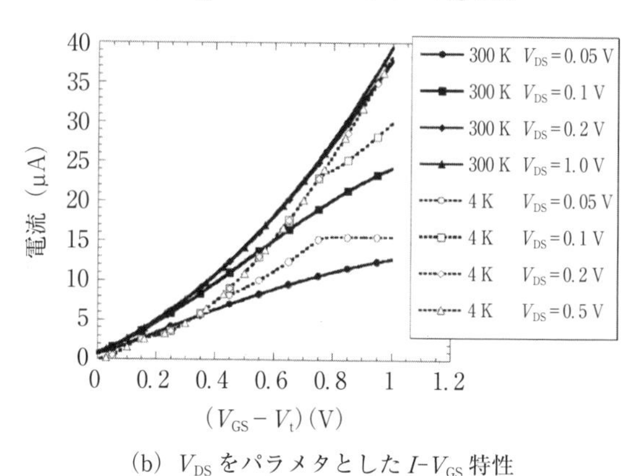

(b) V_{DS} をパラメタとした I-V_{GS} 特性

図 5.13　シリコン・ナノワイヤ MOSFET の電流電圧特性
ナノワイヤ MOSFET は（110）面を断面とする．1.51 nm 径のバリスティック素子．

FinFET の場合にも，矩形断面のナノワイヤのサブバンド構造を求めれば，同様にして電流電圧特性を求めることができる．ナノワイヤのサブバンド構造は，断面サイズが大きい場合には，後出の議論のように2次元のプラナー MOSFET に類似な方法で近似的なサブバンド構造を求めることも可能である．しかし，微細なナノワイヤの場合，しかもワイヤ表面の結晶方位の影響などを正しく取り入れるためには，第一原理計算のプログラムを用いて計算する必要がある．

6

準バリスティックな MOSFET への拡張

これまで，極限にまで微細化された MOSFET を想定して，ランダムなキャリヤ散乱体が全く含まれていない MOSFET について議論してきた．しかし，極微細に縮小されたデバイスにおいても，格子振動などによるキャリヤ散乱が完全に消失することはあり得ない．通常の微細化レベルでは，キャリヤがチャネルを走り抜ける間にキャリヤ散乱を経験する確率が充分に小さいとはいえない．もちろん，キャリヤ散乱が極めて頻繁で局所的には準熱平衡とみなせるようなキャリヤ状態とは大きく異なっている．しかし，チャネル内の散乱確率がある程度の大きさを示せば，完全にバリスティックな場合に比べるとデバイス特性は大きく変化することとなる．当然ながら，それは必ずしも移動度による記述への回帰を意味するわけではない．このような，チャネル中でキャリヤが“比較的少数回の散乱”を経てドレイン電極に到達するような状況にある MOSFET を“準バリスティック MOSFET”と呼ぶことにする．

これまでのバリスティック MOSFET の議論は，極微細 MOSFET の動作機構の理解に大きく役立ってきた．しかし，電流の絶対値はキャリヤ散乱により大幅に変化することが避けられず，MOSFET の特性の定量的な議論にはキャリヤ散乱の影響の詳細な議論が不可欠である．キャリヤの散乱機構は多種類存在することが知られるが，複雑なキャリヤ散乱の機構をミクロな立場から個別に議論することは，もとより本書の域を越えている．本章では，解析的な議論を用いた現象論という立場に立って，極微細な準バリスティック MOSFET の特性を議論することとする．

6.1 Lundstrom の式

1997 年，パデュー大学の M. Lundstrom が極微細 MOSFET の特性を表す簡単な解析式[38]を提案した．それは，前章で導入したバリスティックな特性に，キャリヤのソースからドレインへの透過確率を組み合わせて得られる．

キャリヤはソースからチャネルに注入されたのち，その一部は散乱されてソースに戻り，他の一部はドレインに到達してドレイン電流となる．ドレイン側からのキャリヤの流入の効果を考えない飽和電流の場合を想定する．デバイス内のポテンシャル分布はすでにみたように，図 6.1 のように描かれる．ここにソース端近くの Vs 点は図 5.2 における $x_{\max}$ に類似するが，ここでは Virtual source と呼ばれている．準平衡のソースのキャリヤが充分にこの点に供給され，ここからそのキャリヤがチャネルに注入される．Vs 点のキャリヤ分布は図 3.1 と同様に，ソースからドレインに向かう正の速度を持つフラックス $j_+(\mathrm{Vs})$ と，逆にドレインからソースに向かう負の速度を持つフラックス $j_-(\mathrm{Vs})$ とに分けることができる．それぞれのフラックスを，キャリヤ密度 $n_\pm$ とそれに対応する平均速度 $v_\pm$ との積に書き表せば

$$j_+(\mathrm{Vs}) = n_+ v_+ \tag{6.1}$$

$$j_-(\mathrm{Vs}) = n_- v_- \tag{6.2}$$

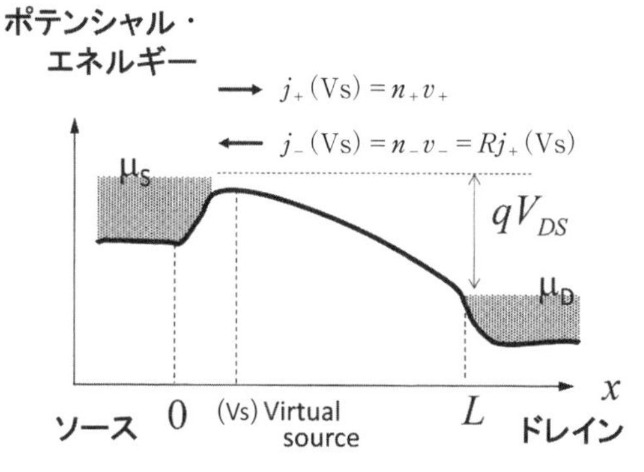

図 6.1 MOSFET 内のポテンシャル分布
Virtual source（Vs）のキャリヤ・フローを正速度の成分と負速度の成分に分ける．

を得る．$j_+(\mathrm{Vs})$ はソースからチャネルに注入されるフラックスなので，その速度 v_+ は前章の記号を用いれば v_{inj} と書くことができる．もしドレイン側からチャネルへのキャリヤ注入の効果が無視できるならば，Vs 点における逆方向フラックス $j_-(\mathrm{Vs})$ は $j_+(\mathrm{Vs})$ の一部がチャネル内でのキャリヤ散乱によりソースに跳ね返されて生じる寄与を表している．第3章の記述にならって，ソースからドレインへの透過係数を狭いエネルギー分布内で平均したものを $\tilde{T}$ と書いて，チャネル内のキャリヤ散乱によりキャリヤがソースに弾き返される割合を与える後方散乱係数 $R=(1-\tilde{T})$ を導入すると，$j_-(\mathrm{Vs})$ と $j_+(\mathrm{Vs})$ とは

$$j_-(\mathrm{Vs}) = R\,j_+(\mathrm{Vs}) \tag{6.3}$$

と結ばれていることがわかる．さらに，Vs 点におけるキャリヤの電荷密度は MOS キャパシタンスにソース・ゲート間の電圧 V_{GS} が印加されたときの電荷密度に等しいとして

$$q(n_+ + n_-) = C_{\mathrm{eff}}(V_{\mathrm{GS}} - V_{\mathrm{t}}) \tag{6.4}$$

となる．(6.1) 式および (6.2) 式を (6.3) 式に代入して得られる式と，(6.4) 式とを連立して n_+ および n_- について解くと

$$n_+ = \frac{C_{\mathrm{eff}}(V_{\mathrm{GS}} - V_{\mathrm{t}})v_-}{q(Rv_+ + v_-)} \tag{6.5}$$

$$n_- = \frac{C_{\mathrm{eff}}(V_{\mathrm{GS}} - V_{\mathrm{t}})Rv_+}{q(Rv_+ + v_-)} \tag{6.6}$$

を得る．ドレイン電流 I_{sat} は，電流の連続性から Vs 点における $j_+(\mathrm{Vs})$ と $j_-(\mathrm{Vs})$ の差にチャネル幅 W を掛けたものとして求められ，v_+ を v_{inj} と書き換えて

$$I_{\mathrm{sat}} = WC_{\mathrm{eff}}(V_{\mathrm{GS}} - V_{\mathrm{t}})v_{\mathrm{inj}}\frac{1-R}{1+R(v_{\mathrm{inj}}/v_-)} \tag{6.7}$$

という表式が得られる．さらに $j_-(\mathrm{Vs})$ の平均速度 v_- について，後方散乱が弾性散乱に支配されていると考えれば $j_+(\mathrm{Vs})$ と $j_-(\mathrm{Vs})$ とで平均エネルギーはほとんど変わらず，平均速度は共に v_{inj} に等しいと考えることができて，

$$I_{\mathrm{sat}} = WC_{\mathrm{eff}}(V_{\mathrm{GS}} - V_{\mathrm{t}})v_{\mathrm{inj}}\frac{1-R}{1+R} \tag{6.8}$$

という表式に簡単化される．ここに v_{inj} は，常温でソースからチャネルに注入されるキャリヤ分布がボルツマン分布に従うとすると (5.45) 式を用いることができる．(6.8) 式は，$R=0$ のバリスティックな場合には (5.53) 式に一致

することがみてとれる．

第4章の4.2.2項において，速度飽和に達した短チャネル MOSFET のドレイン電流を表す（4.47）式を議論した．本節で導いた（6.8）式は，注意してみると（4.47）式と同一の構造を持つことに気づく．（4.47）式の飽和速度 v_{sat} を，Vs 点におけるキャリヤの平均速度 $v_{inj}(1-R)/(1+R)$ に置き換えると（6.8）式が得られる．しかも，この二つの速度は R が小さい場合はほとんど同じ大きさを持つ．第4章では，キャリヤが準熱平衡にあることを前提とする（4.47）式が，充分な散乱を受ける間もなくソースからドレインにキャリヤが走り抜ける極短チャネル MOSFET へ適用可能かどうか疑問を呈した．その意味では，類似な実験式により実際の極短チャネル素子を記述できるとき，その実態は飽和速度による（4.47）式ではなく，注入速度に近い平均速度による（6.8）式である可能性が考えられる．

この式の導出の枠組みは極めて単純で，その基本的な立場の正否に異を唱えるのは難しい．そして，デバイス動作の機構の物理の理解には極めて有効である．しかし，個々のパラメタは平均的な量であり，その正確な定義を与えることが難しい．実際のデバイス動作はより入り組んでいて複雑であり，単純な枠組みですべてをカバーするのは困難である．このため実験結果などの計算による詳細な再現を議論するのには向いていない[39)]．むしろ，実験結果を解析して，これらのパラメタの“有効的な大きさ”を評価すれば，デバイス動作の実際の機構の理解を進め，数値の概略の大きさを知ることができる．このようなメリット・デメリットは，デバイス内の支配的な動作機構のみを考慮してデバイス特性を比較的簡便に議論する，いわゆるコンパクト・モデルという立場に共通なものである．この議論においては，後方散乱係数 R は単一のパラメタであるが，実際のデバイス内の複雑な散乱過程をすべて平均した値であり，ミクロな立場から詳細に算出するのは難しい量である．デバイス内の空間的・エネルギー的な分布や散乱体の条件などに依存すると考えられ，単一パラメタであってもバイアス電圧などに依存して値が変化する可能性がある．（6.4）式は重要な仮定だが，それが成り立つか否かは，ソースから Vs 点へのキャリヤの供給能力にかかっている[40)]．潤沢に供給されるならば，ソースと Vs 点とは準平衡にあるという近似が妥当となり，この仮定が正しくなる．しかし，供給が不充分ならば，この点のソース電極との準平衡は破られて，この非平衡性のためVs点の電荷密度は（6.4）式の右辺よりも小さくなる．これはドレイン電流I_{sat}の減少をもたらす．

後方散乱係数Rについては，さらに議論が与えられている．モンテカルロ解析[41]の結果によると，チャネル内の電界に沿ってドレイン側にある程度深く侵入したキャリヤは，たとえ多重散乱を受けても再度ソース側に戻る可能性が大きく減少するという．具体的には，ポテンシャルがVs点から計って熱エネルギーk_BT程度下がっている辺りに分岐点があり，それよりもドレイン側に入ったキャリヤはもはや戻ることができなくなる．Vs点からここまでの距離をL_{kT}とすると，このL_{kT}の間にキャリヤは多重散乱にさらされて，その結果後方に散乱されたキャリヤはソースに戻ってドレイン電流を減少させる．しかし，分岐点より先に侵入したキャリヤは後方散乱をまぬがれ，ソースに戻ることがなくドレイン電流に寄与する．Rの計算は，このL_{kT}の厚さの層の内部の後方散乱を評価することになる．この層は“kT層”と呼ばれ，このようなRの計算方法は“kT層理論”[42]と呼ばれている．

L_{kT}の厚さの層からの後方散乱を，電界の印加されていない1次元の弾性散乱の場合に見積もってみよう[16]．まず図6.2(a)のように薄い層にキャリヤが入射したときの透過確率をt，反射確率をrと記すことにしよう．このような層を2層重ねたときの透過確率t_{12}を考えると，図6.2(b)のように直接透過してきたキャリヤのほか，第2層からの反射を第1層がまた反射して透過確率に寄与し，さらにそこで反射された一部のキャリヤが同じルートを通って再度寄与するなど，多重反射の結果の多くの寄与の和となる．各層の透過確率，反射確率をそれぞれt_1，r_1，t_2，r_2とおくと図から明らかのように，

$$t_{12}=t_1t_2+t_1t_2r_1r_2+t_1t_2r_1^2r_2^2+\cdots=\frac{t_1t_2}{1-r_1r_2} \tag{6.9}$$

で与えられる．ここで$r_1=1-t_1$，$r_2=1-t_2$に注意してこれを書き直すと，

$$\frac{1-t_{12}}{t_{12}}=\frac{1-t_1}{t_1}+\frac{1-t_2}{t_2} \tag{6.10}$$

となり，$(1-t)/t$という量をみると各々の層についてこの量の和がちょうど2層合わせた層の値に一致する．この関係を繰り返して適用すると，透過係数t

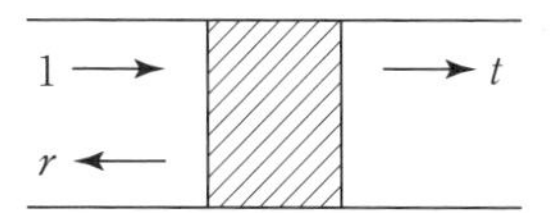

(a) 散乱体の層に入射したキャリヤの透過と反射

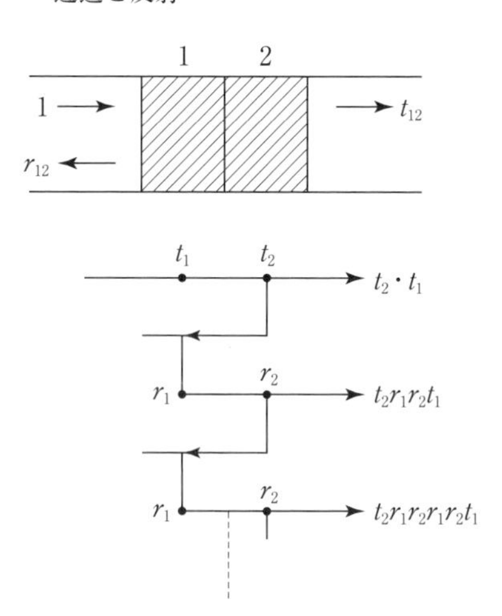

(b) 2 層の多重反射と透過

図 6.2 散乱体の層のキャリヤの透過

の層を N 層重ねた全体の層の透過係数 $t(N)$ に関して

$$\frac{1-t(N)}{t(N)}=N\frac{1-t}{t} \tag{6.11}$$

となる．反射確率 $r(N)=1-t(N)$，$r=1-t$ で表して $r(N)$ について解くと

$$r(N)=\frac{Nr}{(1-r)+Nr} \tag{6.12}$$

ここで，各層を厚さ dx の薄い層としよう．反射が起こるまでにキャリヤが走る距離，平均自由行程を λ とすると $r(\lambda/dx)\approx 1$ であり，また全厚さを L とすると $N=L/dx$ であるので，これらを（6.12）式に代入すると全厚さ L の層からの後方散乱係数 R の表現が得られる．$dx \ll \lambda$ であることを考慮すると結局

$$R=\frac{L}{\lambda+L} \tag{6.13}$$

となる．$L \leq L_{kT}$ の場合には，全厚さから後方に戻るため後方散乱係数はこの

ように表現されるが，$L \geq L_{kT}$ の場合には L_{kT} よりも奥に入ったキャリヤは後方には戻らず，後方散乱係数は厚さ L_{kT} から後方に戻る場合の R に一致するので

$$R = \frac{L_{kT}}{\lambda + L_{kT}} \tag{6.14}$$

という表現に変化する．以上より，(6.8) 式，(6.13) 式ないし (6.14) 式，および (5.45) 式を用いれば，具体的に飽和電流を評価することができる．

(6.13) 式を $(1-R)$ の形に書き直した形は，当然ながら第 3 章で求めた (3.48) 式と一致している．第 3 章では一定電界のもとの弾性散乱層の透過確率を計算したが，その特別な電界ゼロの場合としてこの形の表式を得た．Vs 点近傍では電界が弱いことが見込まれるので，近傍での散乱の平均値として一定の平均自由行程を想定することができて，その場合にはこの結果を適用できる．しかし，電界によるキャリヤの加速が起こると想定される場合には，第 3 章で導いた (3.47) 式を用いる方が，より妥当であると考えられる．

5.1.4 項において“バリスティック電流度 b”という量を定義した．実際の MOSFET の電流がキャリヤの散乱により，理想的なバリスティック MOSFET に比べて低下する割合であった．この場合の b の値は，バリスティック MOSFET の飽和電流が (5.53) 式で与えられるので，これと (6.8) 式との比をとることにより

$$b = \frac{1-R}{1+R} \tag{6.15}$$

と与えられることがわかる．

6.2　準バリスティック MOSFET のコンパクト・モデル

MOSFET は比較的簡単な構造をしているが，それでもその動作機構はかなり複雑であり，大掛かりなデバイス・シミュレーションなどの手法に頼らないで精度の高い特性の見積もりを行うことは不可能である．しかし，回路の概念設計など実用的な見地に立ったときには，高精度ではなくおおよその MOSFET の電流電圧特性であってもそれが簡便に得られるならば有用であ

る．むろん，複雑な回路系の詳細な特性を得るには回路シミュレーションが必要であるが，大雑把な回路性能の見積もりやデバイス・パラメタのおおよその大きさの見当が手軽に評価できるからである．通常，比較的簡単なモデル式を用いて，パラメタの調整により電流電圧特性を手軽に再現できる MOSFET の動作モデルをコンパクト・モデルと呼ぶ．コンパクト・モデルは解析的な数式の形で供されることが多いので，特性のデバイス・パラメタへの依存性が明確に見通せることが多く，目標特性に対するパラメタの選択の方針などが立てやすいのも特徴である．

前節の Lundstrom の式は代表的なコンパクト・モデル式であり，MOSFET の飽和特性に対応している．しかし，線型特性はどのように見積もられるか，また平均速度 v_{inj} や後方散乱係数 R の値が具体的にどうなるかなど，実際の応用に際してはより詳細な議論が望ましいところである．

6.2.1 プラナー準バリスティック MOSFET

プラナー MOSFET の場合に，準バリスティック MOSFET の特性を導いてみよう．バリスティック MOSFET の図 5.2 のモデル（あるいは，同じことだが図 6.1 の Virtual source model）をここでも想定することとしよう．このとき MOSFET を流れる電流は，以前にみたように（2.57）式で表すことができる．再掲すると

$$I=\frac{2q}{h}\sum_i\int_{E_i}^{\infty}dE[f(E,\mu_{\mathrm{S}})-f(E,\mu_{\mathrm{D}})]T_i(E) \qquad (2.57：再掲)$$

ここに i は，$x_{\max}$ 点における電子状態を指定するバレーの番号と（n_y, n_z）のペアであり，これらによりひとつの 1 次元サブバンドが指定される．これは，ソースから $x_{\max}$ 点に向かって $\{f(E,\mu_{\mathrm{S}})-f(E,\mu_{\mathrm{D}})\}$ という分布関数に従うキャリヤが流入し，$T_i(E)$ は i 番目のサブバンドのエネルギー E におけるソースからドレインまでの透過確率であった．$x_{\max}$ 点におけるキャリヤの分布をもう少し詳細にみてみよう．$x_{\max}$ 点のキャリヤは，ソースからドレインに向かういわゆる正速度のキャリヤ（ソースからドレインに向かう波動ベクトル k は正の値を持つ）と，逆にドレインからソースに向かう負速度のキャリヤ（負の k を持つ）とに分けられる．例えば i 番目のサブバンドのそのような分布は図 6.3 のよう

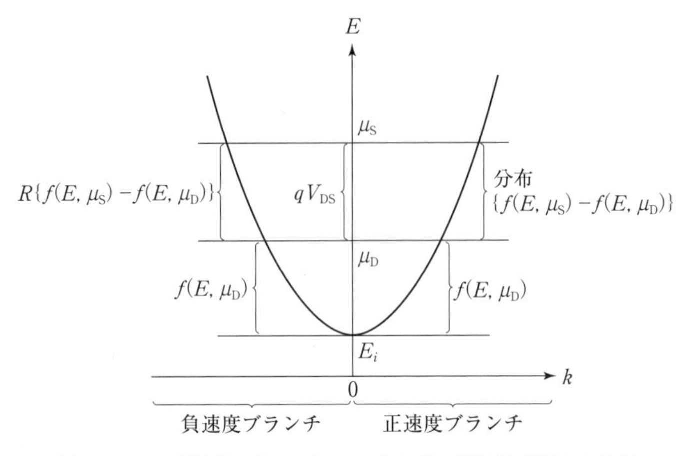

図 6.3　$x_{\max}$ 点近傍のキャリヤのエネルギー運動量空間内の分布
正速度ブランチにはソースからドレインへ向かうキャリヤが，負速度ブランチにはドレインからソースへ向かうキャリヤが分布する．

になる．E-k 関係は，(2.46) 式と同様に

$$E_i(k)=E_i+\frac{\hbar^2}{2m_x}k^2 \tag{6.16}$$

と設定しよう．ソースから $x_{\max}$ 点に注入される $[f(E, \mu_{\mathrm{S}})-f(E, \mu_{\mathrm{D}})]$ の分布に従うキャリヤは，ドレインに向かう速度を持ち，図のように μ_{S} と μ_{D} の間の正速度ブランチに分布する．一方，準バリスティックMOSFETでは，ソースから注入されたキャリヤのうち一部が散乱によりソースへ向かう負の速度を獲得する．チャネルからソースへの後方散乱係数 R をエネルギーによらない定数とするならば，注入キャリヤの分布に R 倍した分布のキャリヤが，該当するエネルギー範囲の負の速度ブランチに分布することとなる．そのキャリヤは，最終的にチャネルからソースに戻される．μ_{D} より大きいエネルギーのキャリヤと，それより小さいエネルギーのキャリヤとの散乱などの相互作用の影響が大きくないと仮定できれば，ソース内のキャリヤのうち $f(E, \mu_{\mathrm{D}})$ の分布に従う部分と，同じくドレイン内の $f(E, \mu_{\mathrm{D}})$ に従う部分とはほぼ平衡にあるとみなすことができる．$x_{\max}$ 点では，同じ $f(E, \mu_{\mathrm{D}})$ に従うキャリヤが正速度ブランチと負速度ブランチの両方に分布し，その運ぶ電流は相互にキャンセルするとして，キャリヤ伝導の議論から除外して考えることができる．

まず $x_{\max}$ 点のキャリヤ電荷を求める．それは (5.29) 式や (5.66) 式と同様に求められる．ただし，(5.66) 式が3次元立体 MOSFET を議論していたのに対して，今回はプラナー MOSFET でありサブバンドの構造が異なることに注意する必要があろう．サブバンドが対称で $E_i(k)=E_i(-k)$ を満たすことに注意してまとめると

$$|Q_{\mathrm{i}}|=\frac{q}{\pi}\sum_i\left[(1+R)\int_0^{\infty}f\{E_i(k),\,\mu_{\mathrm{S}}\}dk+(1-R)\int_0^{\infty}f\{E_i(k),\,\mu_{\mathrm{D}}\}dk\right] \quad (6.17)$$

と得られる．計算を進めるため，フェルミ分布関数の積分を具体的に算出しよう．プラナー MOSFET は5.1節で議論してあり，サブバンド i はバレー番号と，幅方向および界面に垂直方向の量子数のペア $(n_y,\,n_z)$ とで規定された．そのときの結果を用いると (6.16) 式において

$$E_i=\frac{\hbar^2}{2m_y}\left(\frac{n_y\pi}{W}\right)^2+E_{n_z} \quad (6.18)$$

となる．ここに，$n_y=1,2,3,\cdots$，$n_z=0,1,2,\cdots$．さらに，(5.29) 式から (5.33) 式への導出過程と同様に進めると

$$\sum_i\int_0^{\infty}f\{E_i(k),\,\mu_{\mathrm{S}}\}dk=\sum_{\mathrm{valley}}\sum_{n_z}W\frac{\sqrt{m_xm_y}k_{\mathrm{B}}T}{2\hbar^2}F_0\left(\frac{\mu_{\mathrm{S}}-E_{n_z}}{k_{\mathrm{B}}T}\right) \quad (6.19)$$

と算出される．$F_0(y)$ は (5.14) 式で定義された0次のフェルミ・ディラック積分であるが，この場合は解析的に計算できて，

$$F_0(y)=\ln[1+\exp(y)] \quad (6.20)$$

という表式が得られる．(6.17) 式は W を単位長さにとって

$$|Q_{\mathrm{i}}|=\frac{q\sqrt{m_xm_y}k_{\mathrm{B}}T}{2\hbar^2\pi}\sum_{\mathrm{valley}}\sum_{n_z}\left[(1+R)F_0\left(\frac{\mu_{\mathrm{S}}-E_{n_z}}{k_{\mathrm{B}}T}\right)+(1-R)F_0\left(\frac{\mu_{\mathrm{D}}-E_{n_z}}{k_{\mathrm{B}}T}\right)\right] \quad (6.21)$$

と求まる．

次に (2.57) 式の電流値を求める．透過確率 $T_i(E)$ は，サブバンドやエネルギーに依存し，その詳細を求めることは不可能であるので，これを平均的な単一のパラメタで置き換えよう．注入フラックスの分布 $\{f(E,\,\mu_{\mathrm{S}})-f(E,\,\mu_{\mathrm{D}})\}$ で平均して

$$\tilde{T}\equiv\left\{\sum_i\int_{E_i}^{\infty}dE[f(E,\,\mu_{\mathrm{S}})-f(E,\,\mu_{\mathrm{D}})]T_i(E)\right\}\bigg/\left\{\sum_i\int_{E_i}^{\infty}dE[f(E,\,\mu_{\mathrm{S}})-f(E,\,\mu_{\mathrm{D}})]\right\} \quad (6.22)$$

を導入する．$\tilde{T} \leq 1$ であり，チャネルからソースへの後方散乱係数 R は

$$R \equiv 1 - \tilde{T} \tag{6.23}$$

で定義されるので，(2.57) 式の電流は

$$I = \frac{2q}{h}(1-R)\sum_i \int_{E_i}^{\infty} dE[f(E, \mu_S) - f(E, \mu_D)] \tag{6.24}$$

と変形される．この式によれば，準バリスティック MOSFET の電流を求めるにはまずバリスティック MOSFET の電流を計算し，それに $(1-R)$ を掛ければよいようにみえる．しかし，この場合のバリスティック MOSFET の電流は，準バリスティック MOSFET の正しい μ_S を用いて算出する必要があり，通常のバリスティック MOSFET のそれではない．エネルギーの積分は $dE = dE_i(k) = \{dE_i(k)/dk\}dk$ を用いて k の積分に変換できる．ここに正速度ブランチにおける $\{dE_i(k)/dk\}/\hbar \equiv v_i(k)$ は，ソースから注入されてドレインに向かって走るキャリヤの速度である．

$$\int_{E_i}^{\infty} dE[f(E, \mu_S) - f(E, \mu_D)] = \hbar \int_{E_i}^{\infty} dk[f\{E_i(k), \mu_S\} - f\{E_i(k), \mu_D\}]v_i(k) \tag{6.25}$$

k 空間内で，$v_i(k)$ を注入フラックスの分布 $\{f(E, \mu_S) - f(E, \mu_D)\}$ に対して平均をとった値を注入速度 v_{inj} と規定する．すなわち

$$v_{\text{inj}} \equiv \sum_i \int_{E_i}^{\infty} dk[f\{E_i(k), \mu_S\} - f\{E_i(k), \mu_D\}]v_i(k) \Big/ \sum_i \int_{E_i}^{\infty} dk[f\{E_i(k), \mu_S\} - f\{E_i(k), \mu_D\}] \tag{6.26}$$

(6.22) 式に比べ，平均をとる分布空間が異なることに注意する．これらを用いると結局 (6.24) 式の電流は，(6.19) 式を考慮して

$$I = W \sum_{\text{valley}} \sum_{n_z} \frac{q\sqrt{m_x m_y}\, k_B T}{2\pi\hbar^2} v_{\text{inj}}(1-R)\left[F_0\left(\frac{\mu_S - E_{n_z}}{k_B T}\right) - F_0\left(\frac{\mu_D - E_{n_z}}{k_B T}\right)\right] \tag{6.27}$$

と得られる．バイアス電圧を与えられて，具体的に電流値を算出するには (6.21) 式を書き直して

$$C_{\text{eff}}(V_{GS} - V_t) = \frac{q\sqrt{m_x m_y}\, k_B T}{2\hbar^2 \pi} \sum_{\text{valley}} \sum_{n_z} \left[(1+R)F_0\left(\frac{\mu_S - E_{n_z}}{k_B T}\right) + (1-R)F_0\left(\frac{\mu_D - E_{n_z}}{k_B T}\right)\right] \tag{6.28}$$

として，これを μ_S に関する方程式として解いて未知数 μ_S を求め，その結果を

(6.27) 式に代入して電流値を算出する．$\mu_D=\mu_S-qV_{DS}$ であるから，未知数はやはり μ_S だけとなる．解析的には解けないが，簡単な数値計算により方程式は比較的容易に解くことができる．実際には一連の E_{n_z} の値が必要で，電流を手軽に見積もるのはやや困難である．最低の E_{n_z} レベルだけに絞る単一サブバンド・モデルとすれば計算も容易で，コンパクト・モデルといえるモデル式が得られる．バレーの和も，最も深い縮退した最低サブバンドを与える二つのバレーの寄与（エネルギー・レベルを E_{n_0} とする）だけを考慮する．

$$I=\frac{Wq\sqrt{m_x m_y}k_BT}{\pi\hbar^2}v_{inj}(1-R)\times\left[\ln\left\{1+\exp\left(\frac{\mu_S-E_{n_0}}{k_BT}\right)\right\}-\ln\left\{1+\exp\left(\frac{\mu_S-E_{n_0}-qV_{DS}}{k_BT}\right)\right\}\right] \tag{6.29}$$

$$C_{eff}(V_{GS}-V_t)=\frac{q\sqrt{m_x m_y}k_BT}{\hbar^2\pi}\times\left[(1+R)\ln\left\{1+\exp\left(\frac{\mu_S-E_{n_0}}{k_BT}\right)\right\}+(1-R)\ln\left\{1+\exp\left(\frac{\mu_S-E_{n_0}-qV_{DS}}{k_BT}\right)\right\}\right] \tag{6.30}$$

バイアス電圧や，v_{inj} および R その他のデバイス・パラメタが与えられたとき，まず (6.30) 式を解いて未知数 $(\mu_S-E_{n_0})$ を求め，これを (6.29) 式に代入すれば電流値が定まる．

図 6.3 のサブバンドに分布するキャリヤが非縮退の場合，つまり反転層のキャリヤ濃度があまり大きくなく，$(\mu_S-E_{n_0})\ll k_BT$ が成り立つときは，電流値が解析的に求められる．フェルミ分布関数がボルツマン分布で近似できる場合であり，$F_0(y)\approx\exp(y)$ が成り立つので $F_0\{(\mu_D-E_{n_0})/k_BT\}\approx F_0\{(\mu_S-E_{n_0})/k_BT\}\exp(-qV_{DS}/k_BT)$ となり，(6.30) 式を解いて $\ln[1+\exp\{(\mu_S-E_{n_0})/k_BT\}]$ の値を求めることができる．その結果を (6.29) 式に代入すると，電流をバイアス電圧とデバイス・パラメタのみで表す式が得られる．

$$I=WC_{eff}(V_{GS}-V_t)v_{inj}\frac{(1-R)\{1-\exp(-qV_{DS}/k_BT)\}}{(1+R)+(1-R)\exp(-qV_{DS}/k_BT)} \tag{6.31}$$

弱反転領域では，キャリヤが縮退していないならばこの式が妥当性を持つ．強反転領域でキャリヤ濃度が $10^{13}\,\mathrm{cm}^{-3}$ 以上の場合はカバー範囲を外れるが，近似式としては使用可能とみられる．この電流の表式は，$qV_{\mathrm{DS}} \gg k_{\mathrm{B}}T$ になると V_{DS} 依存性が消失していわゆる電流が飽和する．これより導かれる飽和電流の値は（6.8）式のLundstromの式に一致する．

ここで，実用的な意味はあまりないが（6.26）式の v_{inj} の具体的表式を示しておこう．（6.25）式の左辺は，（2.57）式から（5.15）式のバリスティック電流を導いた方法にならって計算できる．一方（6.26）式の右辺の分母は（6.19）式を用いて計算できる．これらを組み合わせると（6.26）式より

$$v_{\mathrm{inj}} = \frac{2\sqrt{2k_{\mathrm{B}}T}}{\pi} \frac{\sum_{\mathrm{valley}} \sum_{n_z} \sqrt{m_y} \left[F_{1/2}((\mu_{\mathrm{S}} - E_{n_z})/k_{\mathrm{B}}T) - F_{1/2}((\mu_{\mathrm{D}} - E_{n_z})/k_{\mathrm{B}}T) \right]}{\sum_{\mathrm{valley}} \sum_{n_z} \sqrt{m_x m_y} \left[F_0((\mu_{\mathrm{S}} - E_{n_z})/k_{\mathrm{B}}T) - F_0((\mu_{\mathrm{D}} - E_{n_z})/k_{\mathrm{B}}T) \right]} \tag{6.32}$$

と得られる．この表式は，ドレイン側からのキャリヤ注入がない場合は（5.40）式に一致する．キャリヤが縮退してなく，ボルツマン分布を用いてフェルミ分布関数を近似できる場合には，（5.43）式以下で示したように $F_{1/2}(z) \approx (\sqrt{\pi}/2) \exp(z)$ と近似できるので，上に示した結果と合わせると，

$$v_{\mathrm{inj}} = \left\langle \sqrt{\frac{2k_{\mathrm{B}}T}{\pi m_x}} \right\rangle \qquad \text{(5.44：再掲)}$$

という以前に導いた結果が再度得られる．

6.2.2　3次元立体構造の準バリスティック MOSFET

最近の高集積化LSIにおいては使用されるMOSFETの極微細化が進み，FinFETやナノワイヤMOSFETなどの3次元立体構造のMOSFETが主流になりつつある．そのようなMOSFETの場合にコンパクト・モデルがどのようになるか考えてみよう．これら3次元立体構造のMOSFETでは，シリコンの円柱や角柱からなるピラー構造の両端にソースやドレインの電極が作られ，チャネルは基本的に円柱や角柱の表面に形成される．チャネルが円柱や角柱の表面をぐるりと取り巻く場合，あるいは3方向など一部にとどまる場合などがあり得る．ピラーの構造は，作製技術により円柱に近いもの，角柱に近いもの，中間的なものなどがある．角柱に近い場合は，実デバイスでは角柱の側面には結晶面が現れて，その面内のキャリヤ輸送特性が素子特性に影響する．円柱に

近い場合は，結晶面に近い接平面が円柱に接している部分では輸送特性はその結晶面に支配され，接平面が結晶面から大きく隔たっている部分には界面準位などが増加する可能性が考えられる．ここではそのような結晶面の効果は考慮せず，曲面である MOS 界面は方向によらず，一様に（001）面で近似できると想定して議論しよう．また，円柱・角柱の径がどのくらいの大きさになるかも重要なポイントである．径が細くなると反転層キャリヤを収容する状態の数が減るため，単位チャネル長さ当たりのゲート容量が減少して 1 トランジスタ当たりの電流が減る．このため十分な電流容量を確保するには太い円柱や角柱が望ましいが，一方ゲート電極の制御性からは細い方が有利とみられる．実用上は，数ナノメータ以上の径が用いられるとみられ，そのような比較的サイズの大きい円柱・角柱を用いた素子のコンパクト・モデルが重要であろう．

このような，比較的太い円柱構造のシリコンからなる MOSFET の特性を調べてみよう．チャネル断面の模式図を図 6.4 に示す．チャネルは断面に垂直な方向に伸びており，その方向に x 軸をとる．y-z 面内のチャネル断面に対して，図のように r-θ をとる極座標を考える．反転層のキャリヤは $r=r_0$ の位置にある MOS 界面に分布するとする．円柱の径は一応ゲート膜厚の厚みに比べて充分に大きいと想定し，単位面積当たりのゲート・キャパシタンスが定義できるものとする．それが難しい場合は，5.2 節で行ったように単位チャネル長当た

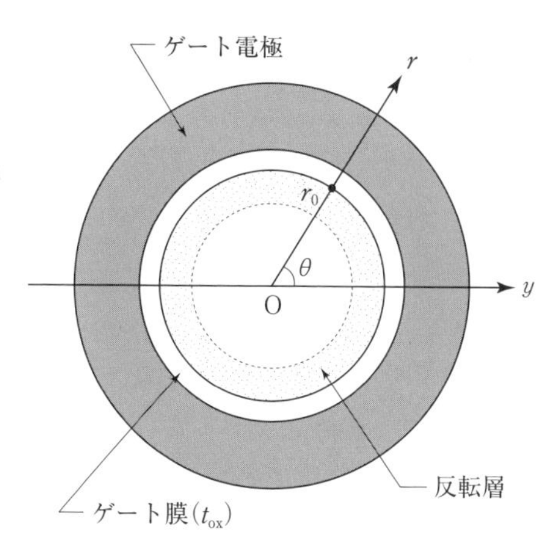

図 6.4 太い円柱構造（GAA）のナノワイヤ MOSFET の断面図

りのキャパシタンスを定義する必要がある．キャリヤの波動関数はプラナー MOSFET の場合と類似の

$$\Psi(r,\theta,x)\approx\chi_{jn_\theta}(r)\exp(in_\theta\theta)\exp(ikx)\qquad(n_\theta=\cdots,\ -1,0,\ +1,\cdots)\quad(6.33)$$

という形により近似できる．チャネルに沿った x 方向は前と同じく平面波となり，また θ 方向は円柱が等方的であるためにこのような形の波動関数を仮定できる．量子数 n_θ は，θ が 2π 変化しても波動関数の値が変わらないことを考慮すると任意の整数の値をとり得ることがわかる．r 方向の波動関数は MOS 界面から円柱内部に向かって分布し，飛びとびのエネルギー固有値の状態に対応する．最低エネルギーの状態の波動関数は界面近くに局在しており，エネルギー・レベルの上昇に伴い円柱内部に向かって分布が広がる．太い円柱構造のデバイスは，プラナー MOSFET をスダレのように巻いたイメージであり，単一サブバンド近似を想定するとキャリヤが円柱の表面に局在した最低サブバンドの状態が伝導に寄与すると考えることができる．そのサブバンドのエネルギーを E_{0_r} とおくと，(6.16) および (6.18) 式に対応するキャリヤのエネルギーは

$$E_{n_\theta}(k)\approx E_{0_r}+\frac{\hbar^2 n_\theta^2}{2m_\theta r_0^2}+\frac{\hbar^2}{2m_x}k^2\qquad(6.34)$$

と近似できる．簡単のため，MOS 界面上のチャネル方向に垂直な運動では結晶面の効果を無視してキャリヤ質量を m_θ とおいた．(6.18) 式を (6.16) 式に代入した結果と (6.34) 式とはよく似た形をしており，これを考慮すると (6.16) および (6.18) 式から得られた結果から，それと対応する (6.34) 式から得られる結果を容易に導くことができる．エネルギーから出した状態密度（n_θ の変化領域を考慮して）を比較して，(6.27) 式や (6.29) 式において $W=2\pi r_0$ とおき直せば (6.34) 式に対応する表式を得ることができる．これは，チャネル幅は円柱の周囲長に等しいという直感的なイメージと一致している．

チャネルが厳密な円柱ではなく，角柱の角が丸みを帯びた程度である場合などに対しても，結晶面の効果を無視する限りにおいて，この結果は第一近似として適用できる．したがって，FinFET やナノワイヤ MOSFET の電流のコンパクト・モデルとして，(6.29) および (6.30) 式，あるいはキャリヤが非縮退でボルツマン近似を適用できる場合は (6.31) 式を用いることができる．

この場合の W の値は，チャネルが Fin 構造をぐるりと取り巻いている場合は Fin 断面の周囲長を，そうでない場合はその構造における実質的なチャネルの幅の大きさにとることとなる．角などがあり単位面積当たりのゲート・キャパシタンスを規定しにくい場合は，MOSFET 構造のチャネルに沿って単位長さ当たりの有効ゲート・キャパシタンスを評価し，そのキャパシタンスを W で割った値を $C_{\rm eff}$ に選べばよい．

6.2.3 後方散乱係数

(6.29) 式にせよ，あるいは (6.31) 式にせよ，具体的な電流値の見積もりを行うには後方散乱係数の R の具体的な値が必要となる．R はソースからチャネルに注入されたキャリヤが，素子内のキャリヤ散乱の結果ソースに再度弾き返される割合であり，キャリヤのソースからドレインへの透過確率を $\tilde{T}$ とすると (6.23) 式のように ($R=1-\tilde{T}$) と表すことができる．その値は，素子内の極めて複雑なキャリヤ散乱が繰り返された最終結果として定まるのであって，簡単な手続きにより詳細な値の見積もりを得ることは困難である．本項ではコンパクト・モデルに使用される R の値を見積もることを考える．コンパクト・モデルの趣旨に沿って，素子の各動作モードにおける最有力な散乱機構を簡明なモデリングにより取り込み，それによりおおよそのデバイス特性を再現することを目指そう．数値的な精度はやや不充分であっても，むしろ素子内のキャリヤ散乱の物理を再現することが求められる．

まず簡明な後方散乱係数の表現として，Lundstrom の式において議論した kT 層理論の結果を再録しておこう．$L \le L_{kT}$ が成り立つ場合には，

$$R=\frac{L}{\lambda+L} \qquad (6.13：再掲)$$

となり，逆に $L \ge L_{kT}$ の場合には後方散乱係数は L に依存せず

$$R=\frac{L_{kT}}{\lambda+L_{kT}} \qquad (6.14：再掲)$$

と与えられる．

素子内のキャリヤ散乱をもう少し詳細に考慮して，後方散乱係数を評価してみよう．キャリヤ散乱の様子はドレイン電圧の大きさにより大きく異なると予

想される．それについては第 3 章で論じたように，以下のような考え方をとることとする．キャリヤ散乱は大雑把に弾性散乱と非弾性散乱とに分けられ，エネルギーを保存する弾性散乱には不純物散乱や結晶欠陥の散乱が含まれる一方，エネルギー緩和をもたらす非弾性散乱の主要な担い手は光学フォノン散乱とされる．音響フォノン散乱やキャリヤ同士の散乱は非弾性散乱だが，音響フォノン散乱は交換するエネルギーが小さく，またキャリヤ同士の散乱はキャリヤ濃度の大きいときに散乱確率が増大するが，エネルギーや運動量の総量は変化させない．各種の散乱が交錯する複雑なデバイス内の散乱過程を，以下のように簡単化して考える．非弾性散乱としては光学フォノン散乱を想定するが，その吸収により 63 meV 程度のキャリヤ・エネルギーの増大をもたらす．吸収するには場に熱平衡の光学フォノンが分布している必要があるが，そのエネルギーが熱エネルギーに比べて大きいために常温で励起されている光学フォノンの数は小さく，したがって光学フォノンを吸収できる確率は小さい．一方キャリヤの光学フォノン放出の確率は吸収に比べて大きく，デバイス内でのキャリヤの加速により運動エネルギーが充分に大きくなると高い頻度で放出が起こると考えられる．放出された光学フォノンのエネルギーは熱浴に失われ，キャリヤのエネルギー緩和をもたらす．それ以外に，エネルギーを保存する弾性散乱を想定しよう．これには，不純物散乱のような純粋な弾性散乱以外に，音響フォノン散乱などのエネルギー変化の小さいキャリヤ散乱をも含めて考える．これらの散乱の機能は，キャリヤのエネルギーを変化させることよりもむしろ，キャリヤの運動方向を変化させてランダマイズする点にある．ソースから熱エネルギー程度の運動エネルギーを保有してチャネルに注入されたキャリヤは，光学フォノン散乱に出会わなければそのエネルギーは大きく変化せず，弾性散乱による方向転換が効果的に機能するとソースにまで逆送される可能性がある．しかし，ソースを離れたあと一度光学フォノンを放出して大きなエネルギーを失うと，運動エネルギーが大きく減少する．再び光学フォノンを吸収して，失われたエネルギーを取り戻す可能性はごく少ないため，ソース電極のポテンシャル・エネルギーのレベルに戻ることは不可能になる．散乱を繰り返した後，結局はドレイン内に吸収されてドレイン電流の一部を形成する．

光学フォノンのエネルギーを $\hbar\omega_0$ として，まずドレイン電圧が充分に小さ

く $V_{DS} < \hbar\omega_0/q$ を満たす場合を考えよう．この場合，ソースからドレインまでの電界加速によるキャリヤの運動エネルギーの増加が $\hbar\omega_0$ より小さく，熱エネルギー程度の運動エネルギーのキャリヤがソースから注入されたとしても，キャリヤのエネルギーが $\hbar\omega_0$ より大きくなる確率は小さい．光学フォノン散乱を受けてエネルギーが大きく変化する可能性は小さく，チャネル内ではエネルギーを変えない弾性散乱が支配的となる．MOSFET 内のキャリヤ輸送の様子は図 6.5 の模式図で表される．ソース・ドレイン間に小電圧 V_{DS} が印加され，それによりチャネル内の電界はほぼ V_{DS}/L となる．ソースからキャリヤが注入され，チャネル内で弾性散乱を受ける．通常 MOSFET のモデル化の際はソース・ドレイン電極に対して理想電極の仮定が適用されて，例えばドレイン電極はチャネルから電極に流入するキャリヤをそっくり受け入れて，それがドレイン電流となるとされる．しかし，この仮定がそのまま正しいかどうかは吟味を要することである．ドレイン端からドレイン内部にかけては高濃度の不純物がドープされており，イオン打ち込みなどにより結晶の欠陥も多く誘起されている可能性が高い．ドレイン電圧が小さいため，ソースからドレインまで輸送されてきたキャリヤの運動エネルギーは熱エネルギーに近く，不純物散乱などの散乱確率が大きくなる可能性がある．一方では，ドレイン電極内部ではキャリヤ密度が大きく，不純物散乱などは強く遮蔽されて機能しないことも考えられる．見方を変えて定常状態の動作を考えると，チャネルからドレインへはキャリヤ・フラックスが定常的に流入している．その一部はドレイン電流となって素子外へ流出していく．しかし，ドレイン内部の多重散乱の結果，一部にチャネル側に弾き出されていくキャリヤの流れが存在し得ることも考えられる．いずれにせよ，一般的には理想電極の仮定は必ずしも成立しない可能性があり，この場合は図 6.5 に示すように，ドレインに流入したキャリヤ・フラックスの一部が後方散乱確率 r でチャネルに戻されることを意味する．このような系のキャリヤ輸送は，すでに 3.2 節で扱ってあることを思い出そう．(3.39)，(3.40) 式のペアの方程式を解いて，(3.41)，(3.42) 式のようにキャリヤ・フラックスを求めてある．前回は $G(L)=0$ という境界条件で解いて議論した．今回は上の議論を踏まえ，$G(L)=rF(L)$ という境界条件を用いる必要がある．この条件の下に (3.41)，(3.42) 式を用いてチャネルの透過確率 $\tilde{T}$ を求めると，前

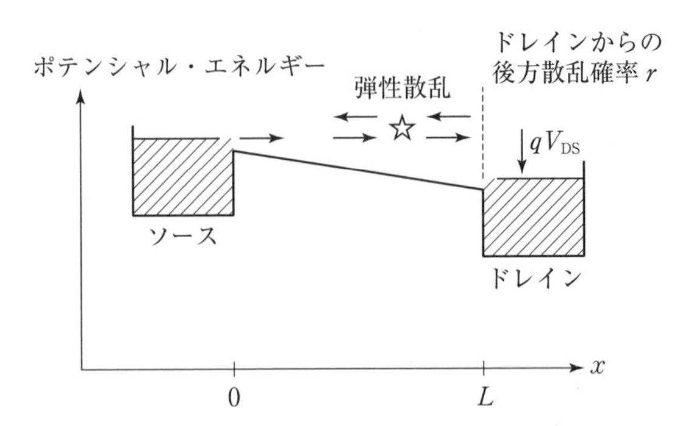

図 6.5　$qV_{DS} < \hbar\omega_o$ の場合のチャネル内のキャリヤ輸送
チャネル内のキャリヤ散乱を弾性散乱で近似する.

回と同様な議論の結果

$$\bar{T} = \frac{\tau_c(1-r)}{\tau_c + \Delta t^E_{0\to L}(1-r)} \tag{6.35}$$

という表式を得る．この式は，ドレイン電圧が小さいとしてチャネル中のキャリヤの加速の効果を無視すると，前回と同様に考えて

$$\bar{T} \approx \frac{\lambda(1-r)}{\lambda + L(1-r)} \tag{6.36}$$

となる．λ はキャリヤの平均自由行程である．したがってキャリヤのソースへの後方散乱確率の R は

$$R = \frac{\tau_c + (1-r)(\Delta t^E_{0\to L} - \tau_c)}{\tau_c + \Delta t^E_{0\to L}(1-r)} \approx \frac{\lambda + (1-r)(L-\lambda)}{\lambda + L(1-r)} \tag{6.37}$$

となる．チャネル内のキャリヤ散乱と，ドレインからチャネルへの後方散乱の二つの要素が関与しているのがわかる．

次に，ドレイン電圧が大きくて $V_{DS} > \hbar\omega_o/q$ を満たす場合を考えよう．この場合は，ソースからドレインに向かうチャネル内の 1 点で，ソースからのポテンシャル・エネルギーの低下が $\hbar\omega_o$ に一致する点がある．この点を $x = x_0$ とする．このとき MOSFET 内のキャリヤ輸送の様子は図 6.6 の模式図で表される．$x < x_0$ の領域ではキャリヤの運動エネルギーが $\hbar\omega_o$ を超える確率が小さく，キャリヤ輸送は主として弾性散乱に支配される．これに対し $x \geq x_0$ の領域ではキャリヤの運動エネルギーは $\hbar\omega_o$ を超え，その輸送は弾性散乱に加えて大きなエネルギー緩和を伴う光学フォノン散乱の影響を受ける．キャリヤが弾性散乱

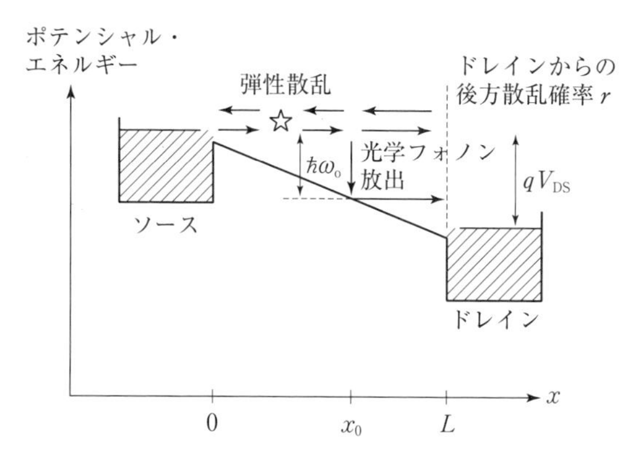

図 6.6　$qV_{DS} > \hbar\omega_o$ の場合のチャネル内のキャリヤ輸送
チャネル内のポテンシャル・エネルギーの低下が光学フォノンのエネルギーを超える領域（$x \geq x_0$）で光学フォノン放出によるエネルギー緩和が起こる．

のみを受けている間はそのエネルギーは変わらず，多重に散乱されて運動方向が逆転してしまうとソースに跳ね返されて，電流への寄与はなくなる．しかし，いったん光学フォノンを放出してエネルギーが緩和すると，そのエネルギー・レベルはソースのレベルより下がってしまい，再び光学フォノンを吸収できる可能性が小さいため，結局はポテンシャル壁に跳ね返されてドレインに集められ電流の増加に寄与する．この場合のキャリヤ輸送もすでに 3.3 節で取り扱った．チャネル中においてソースのエネルギー・レベルにあるキャリヤのフラックスは，$x < x_0$ の領域では（3.63），（3.64）式で表現され，$x \geq x_0$ の領域においては（3.70），（3.71）式で表される．$F(x)$ はソースからドレインに向かうフラックス，$G(x)$ はドレインからソースに向かうフラックスを示す．本節において問題となる R の値は，ドレイン端に $G(L) = rF(L)$ という境界条件を課してこれらのフラックスの表式を解けば求めることができる．すなわち，

$$R = 1 - \frac{\bar{T}[(1-\alpha^2\beta^2) - \alpha(1-\beta^2) - r\{\beta^2 - \alpha^2 + \alpha(1-\beta^2)\}]}{(1-\alpha)\{1+\alpha\beta^2 - r(\alpha+\beta^2)\} + \bar{T}\{r(\beta^2-\alpha^2) + \alpha(1-\beta^2)\}} \tag{6.38}$$

となる．ここに，α，β，および $\bar{T}$ はそれぞれ（3.73），（3.74），および（3.77）式で与えられる．この式は，ドレインからチャネルへの後方散乱が複雑に影響し合い込み入った表現になっている．しかし，3.3 節において議論したように V_{DS} が大きく，チャネル長が比較的長くて $\Delta t^E_{x_0 \to L} \gg \tau_{ave}$ であると仮定できる場

合は，βは1に比べて小さい値となりβ^2を無視することができる．この場合は（6.38）式は簡単化されて

$$R \approx 1 - \frac{\bar{T}(1-\alpha)}{1-(1-\bar{T})\alpha} \tag{6.39}$$

となる．ドレインからのチャネルへの後方散乱の影響は，フラックスの減衰により消失して，Rの値は$x<x_0$領域の透過確率$\bar{T}$と，$x \geq x_0$領域からソース側にキャリヤを反射する確率αとにより決められることがわかる．

6.2.4　低電界移動度

これまでバリスティックMOSFETないし準バリスティックMOSFETを，電流値自体やチャネル部分の透過確率（あるいはチャネルからソースへの後方散乱係数）を用いて議論してきた．しかし，従来型のMOSFETでは移動度を用いて議論するのが普通であった．移動度μは（2.36）式のように，電界中を運動するキャリヤの速度と印加電界との比として定義される．一定で一様な電界の下の系では，電界による加速と散乱の摩擦力による減速とが拮抗してキャリヤの速度が一定値に抑えられることを前提としている．しかしバリスティックMOSFET中では速度を抑える力がないため，キャリヤの運動は等加速運動となり一定速度の前提が成り立たない．このようにバリスティックMOSFET中では移動度の概念が崩れるため，移動度を用いた議論はできなかった．

しかし，正しい移動度の概念が存在しないとしても，電流の表現の中で従来の移動度が担ってきた量を，従来の移動度の定義式を用いて形式的に定義することはできる．そのような量は本来の移動度の概念には合わず，見かけの移動度に過ぎないが，実用上は有用である．バリスティックな場合には，等加速運動のため系のサイズに依存して速度が変化し，このため抽出される移動度は系のサイズに依存した値となる．Shurはこのような考えに立っていわゆるバリスティック移動度[43]を定義した．さらに，チャネル中のキャリヤが散乱を受ける場合には，散乱に起因する本来の移動度への寄与もある．これら二つのキャリヤ輸送の制限機構はいわゆるマティーセン則を用いてまとめることができると考えられ，Shurはこの方法によりGaAsの短チャネルのHEMTの特性を説明した．

MOSFET の低電界移動度[44]も，HEMT と同様な説明がなされたがいくつかの問題点が指摘された[45~47]．バリスティック移動度を用いた上記の議論では，チャネル長がキャリヤの平均自由行程程度よりも短くなった場合に，移動度の値が顕著に減少・劣化することが示される．しかし MOSFET の実測値をみると，この減少が平均自由行程よりもはるかに大きいチャネル長のところから始まるとされる．この異常な劣化は MOSFET の試作技術にはあまりよらず，幅広い素子構造や試作技術を用いたサンプルにみられるとの報告がある．さらにこの劣化は特異な温度依存性を示すことも指摘されている．移動度の温度依存性は，通常チャネル長の長い領域では低温化とともに顕著に増大する様子がみられるが，短チャネル領域ではあまり温度に依存しないのがみて取れる．チャネル長の長い領域で移動度を支配しているのがフォノン散乱であるため，低温化で散乱が減少して移動度が増加する．しかし，移動度の異常な劣化が支配する短チャネル領域では，その移動度をコントロールしている散乱がフォノン散乱ではなく，あまり温度に依存しないクーロン散乱などであることを示唆するとみられる．MOSFET のこのような低電界移動度の表式を求め，その特性を調べてみよう[48,49]．低電界移動度は，形式的にはドレイン電界およびゲート電界が充分に小さいときの MOSFET の電流を与える式から得ることができる．ソース・ドレイン間の電界が充分に小さいとき，移動度の概念を用いた場合の従来の MOSFET の特性は（4.31）式から，

$$I=\frac{W}{L}\mu C_{\mathrm{eff}}(V_{\mathrm{GS}}-V_{\mathrm{t}})V_{\mathrm{DS}} \tag{6.40}$$

と表される．ここに移動度 μ はゲート電圧への依存性をも考慮した実験式として，

$$\mu=\frac{\mu_0}{1+\theta(V_{\mathrm{GS}}-V_{\mathrm{t}})} \tag{6.41}$$

と与えられる．μ_0 および θ は実測値から定まる定数である．一方，準バリスティックな MOSFET の特性は，前節までに議論したモデル式を用いることができる．ゲート電界が小さく $V_{\mathrm{GS}}\approx V_{\mathrm{t}}$ の場合は反転層のキャリヤの数が小さく，そのエネルギー分布はボルツマン分布により近似できる．よって，このときの電流電圧特性は（6.31）式により表され，ドレイン電圧が小さいときにはドレ

イン電圧 V_{DS} で級数展開して第1項により近似できるので，

$$I = \frac{q}{2k_B T} W C_{eff} (V_{GS} - V_t) v_{inj} (1 - R) V_{DS} \tag{6.42}$$

と表すことができる．(6.40)，(6.42) 式を見比べて，$V_{GS} \approx V_t$ を想定した低電界移動度は

$$\mu = \frac{q}{2k_B T} v_{inj} (1 - R) L \tag{6.43}$$

と与えられることがわかる．

ここにみる $(1-R)$ はいわゆる透過確率であり，バリスティックMOSFETの見かけの移動度 μ_{bal} を得るにはこの値を1にとる必要がある．右辺の係数を

$$K_{bal} \equiv \frac{q}{2k_B T} v_{inj} \tag{6.44}$$

と書くことにすると，

$$\mu_{bal} = K_{bal} L \tag{6.45}$$

となり，チャネル長に比例して減少する移動度が得られる．この移動度は，その提唱者にちなんでShurの「バリスティック移動度」と呼ばれる．この結果によれば，短チャネル化に伴って見かけの移動度は劣化することが示される．キャリヤの速度は，移動度にチャネル内の電界 (V_{DS}/L) を掛けるのでチャネル長依存性がなくなり，それに伴って電流の値もチャネル長によらない一定値になる．従来型のMOSFETは短チャネル化の極限でコンダクタンスが無限大に発散するが，バリスティックMOSFETにおいてその傾向が消えて，チャネル長によらない一定値に収束することに対応している．K_{bal} の値は，(5.45) 式の $v_{inj} = 1.2 \times 10^7$ cm/s を用いると $K_{bal} = 23.2$ cm^{2}V^{-1}s^{-1}nm^{-1} となる．長チャネルのMOSFETにみられる通常の移動度の表現をも求めておこう．その移動度を通常のアインシュタインの関係を用いてキャリヤの拡散定数 D で表すと，

$$\mu_{long} = \frac{qD}{k_B T} \tag{6.46}$$

となる．一方拡散定数は1次元のブラウン運動の理論より，平均速度 v_{inj} と平均自由行程 λ を用いて

$$D = \frac{v_{inj} \lambda}{2} \tag{6.47}$$

と表される．(6.47) 式を (6.46) 式に代入すると

$$\mu_{\rm long}=K_{\rm bal}\lambda \tag{6.48}$$

という表式が得られる．

準バリスティック領域の見かけの移動度として，極短チャネル領域での移動度劣化と長チャネル領域でのキャリヤ拡散効果を取り入れた表現を求めよう．それは (6.45) 式と (6.48) 式とをマティーセン則を用いてまとめることで得られ，

$$\frac{1}{\mu}=\frac{1}{\mu_{\rm bal}}+\frac{1}{\mu_{\rm long}}=\frac{1}{K_{\rm bal}L}+\frac{1}{K_{\rm bal}\lambda} \tag{6.49}$$

と与えられる．Shur は見かけの移動度の表現としてこの式を得て，短チャネルの HEMT の移動度の振る舞いの説明に成功している．しかし，前述のとおり MOSFET の場合には充分によくは機能しない．(6.49) 式の右辺によれば，見かけの移動度はチャネル長が平均自由行程の大きさより小さい領域で減少・劣化がみられることになる．しかし，MOSFET の実測値では平均自由行程の大きさよりはるかに大きい領域から劣化が始まるからである．

準バリスティック MOSFET の移動度を，もう少し広い立場から求めてみよう．(6.43) 式を用いるため透過確率を知る必要がある．チャネル内に導入されている散乱体の影響などを考慮して算出しよう．フラックス方程式 (3.32)，(3.33) 式における $\sqrt{2(qFx+E)/m}$ の部分は，(3.49) 式によるとキャリヤの走る平均速度にほかならない．この値は低電界の極限では場所への依存性がなくなってチャネルに注入されるキャリヤの熱速度に等しくなる．チャネル方向の平均速度であるから，それは (5.44) 式に与えられる注入速度 $v_{\rm inj}$ の値にとろう．チャネル内のエネルギー緩和は無視することができてフラックス方程式は

$$v_{\rm inj}\frac{dF(x)}{dx}+B\{F(x)-G(x)\}=0 \tag{6.50}$$

$$-v_{\rm inj}\frac{dG(x)}{dx}+B\{G(x)-F(x)\}=0 \tag{6.51}$$

と与えられる．チャネル内のキャリヤの後方散乱確率 B は通常は定数だが，ソースやドレイン近くに余分に導入された散乱体の分布などを鑑みて B を場所の

関数と考えて

$$B = B(x) = B_0 + \Delta B(x) \tag{6.52}$$

という形に想定しよう．B_0 はチャネル内に一様に分布する散乱体による一定値の後方散乱確率であり，長チャネル MOSFET で観測される μ_{long} や λ に対応する．その逆数が散乱時間であることを考慮すると，$\lambda = v_{\text{inj}}/B_0$ の関係があることがわかる．$\Delta B(x)$ は電極の近傍などに局所的に導入されている散乱体の分布からの寄与を表すものとする．局所のみの分布でありチャネル長を変化させても変化しないと考えて

$$\int_0^L \Delta B(x)\,dx \equiv B_1 \tag{6.53}$$

の値は L に依存しない定数となると想定する．これらの散乱に加えて，ドレインからチャネルへの後方散乱をドレイン端での境界条件により導入する．フラックス方程式を解くために，まず（6.50）式，（6.51）式の左右辺を辺々相加えると，$\{F(x) - G(x)\}$ の導関数がゼロという結果が得られる．これは正味のフラックスがチャネル内を通じて一定に保存されることを示す．その値が C と与えられていると想定して

$$F(x) - G(x) = C \tag{6.54}$$

としよう．次いで（6.50）式から（6.51）式を辺々相差し引くと，（6.54）式を用いて

$$v_{\text{inj}} \frac{d}{dx}\{F(x) + G(x)\} + 2B(x)C = 0 \tag{6.55}$$

となる．この式の両辺を 0 から x まで積分して，

$$F(x) + G(x) = F(0) + G(0) - \frac{2C}{v_{\text{inj}}}\int_0^x B(x)\,dx \tag{6.56}$$

を得る．ドレイン端での境界条件を $G(L) = rF(L)$ という形で導入し，(6.54)式，(6.56)式を解くと，$F(x)$，$G(x)$ の具体的な式が求められる．結果を用い (6.52) 式，（6.53）式をも考慮して，ソースからドレインへの透過確率（$1-R$）は，

$$(1-R) = \frac{F(0) - G(0)}{F(0)} = \left(\frac{1}{1-r} + \frac{B_0}{v_{\text{inj}}}L + \frac{B_1}{v_{\text{inj}}}\right)^{-1} \tag{6.57}$$

と求められる．（6.43）式，（6.44）式により，最終的に見かけの移動度は

$$\frac{1}{\mu}=\left(\frac{1}{1-r}+\frac{B_1}{v_{\mathrm{inj}}}\right)\frac{1}{K_{\mathrm{bal}}L}+\frac{1}{K_{\mathrm{bal}}\lambda} \tag{6.58}$$

という形[50)]に得られる．このうち右辺の最終項は(6.48)式のμ_{long}の寄与である．

これらの結果から導かれる低電界移動度の特性を眺めてみよう．μは(6.58)式から，長チャネルの極限$L\to\infty$では右辺のLに反比例する項が小さくなりμ_{long}に一致するのに対し，短チャネルの極限では同項が主要な部分となり，移動度の値はμ_{long}よりも減少して短チャネルにおける移動度の劣化を再現することがわかる．劣化が起こるのは（6.58）式の右辺によるとLに反比例する項が最終項をしのぐ領域であり，それは$L<\lambda\{(1-r)^{-1}+B_1/v_{\mathrm{inj}}\}$を満たす$L$の範囲である．$r=0$でドレインからチャネルへの後方散乱が存在せず，かつ$B_1=0$で局在した散乱体の存在しない場合には，この範囲はチャネル長が平均自由行程より小さい領域に一致し，バリスティック移動度とμ_{long}を組み合わせたHEMTの場合と同様になる．しかし，rがゼロでなく正の値をとったり，あるいはチャネル内に局在した後方散乱体があれば，その劣化領域は平均自由行程よりも大きい値から始まる．例えば，ドレインからの後方散乱率が$r=0.2$で，チャネル内からの散乱の寄与が$B_1/v_{\mathrm{inj}}=0.15$ならば，平均自由行程の大きさの40%増しのチャネル長から移動度の劣化が発現することとなる．ドレインからチャネルへの後方散乱が存在したり，あるいはチャネル内で集中した後方散乱が発生することにより，見かけの移動度の劣化が引き起こされていることがわかる．

ドレインからチャネルへの後方散乱は，前にも議論したように，ドレイン電極内の不純物や結晶欠陥あるいはドレイン領域を規定しているポテンシャル障壁などにより引き起こされ，フォノンの影響は小さい．電極に近いチャネル部分にも，不純物や結晶欠陥による散乱体が集積しやすい可能性がある．これらの散乱体は多くの場合に入り込みやすく，多寡はともかく多くの素子に類似の劣化をもたらす可能性がある．劣化の程度は上記のrやB_1に依存し，その変化が様々な工程の素子の間の差となる可能性がある．（6.58）式は移動度の逆数であるが，（6.40）式によれば，（6.58）式の両辺に$L/WC_{\mathrm{eff}}(V_{\mathrm{GS}}-V_{\mathrm{t}})$を掛けるとチャネル抵抗$R_{\mathrm{channel}}$の表現となる．すなわち，

$$R_{\text{channel}} = \frac{1}{WC_{\text{eff}}(V_{\text{DS}} - V_{\text{t}})\mu_{\text{long}}} L + \frac{1}{WC_{\text{eff}}(V_{\text{DS}} - V_{\text{t}})K_{\text{bal}}}\left(\frac{1}{1-r} + \frac{B_1}{v_{\text{inj}}}\right) \qquad (6.59)$$

このうち，右辺の第 1 項はチャネル長に比例する古典的な抵抗体としてのチャネル抵抗を与える．右辺第 2 項はチャネルの長さには無関係ないわば接触抵抗のような項で，バリスティック輸送などに絡む抵抗成分であり，長チャネルの古典的な素子には存在しない．しかし，ナノスケールに極微細化すると無視できない寄与として現れてきて測定値の一部を形作る，短チャネル化で顕在する見かけの移動度劣化の正体である．

(6.58) 式は実測値の解析に便利な形をしている．その示すところは，移動度の逆数をチャネル長の逆数の関数としてプロットすると線型関係のため直線になる．その y-切片からチャネル内の μ_{long} の値を抽出でき，カーブの傾きからドレインやチャネルにおける後方散乱に関する情報を抽出できる．これら二つの後方散乱の影響を区別はできないが，しかし，その差は散乱体の位置の差だけで本質的に異なるものではないといえる．図 6.7 はモンテカルロ・シミュレーションにより得られたダブル・ゲートの短チャネル nMOSFET の μ^{-1}-L^{-1} 関係のプロットである．シミュレーションの結果のデータ点はきれいに直線に乗っており，フィッティングによって関連するパラメタを求めると，$\mu_{\text{long}} = 466\ \text{cm}^2/\text{Vs}$, $\lambda = 20\ \text{nm}$ および $\{1/(1-r) + B_0/v_{\text{inj}}\} = 3.45$ などと得られる．また，

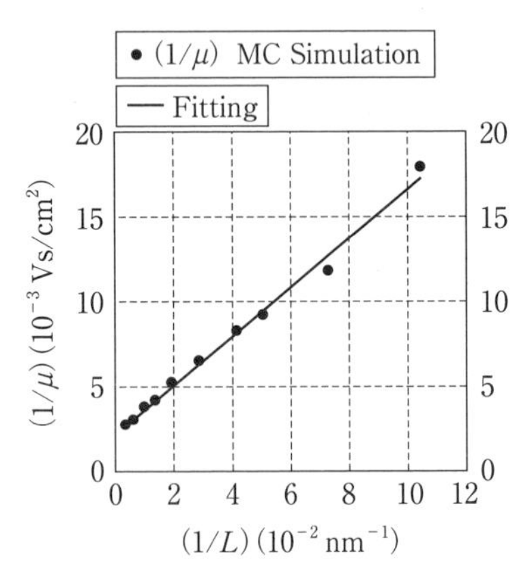

図 6.7　ダブル・ゲート構造の短チャネル nMOSFET の μ^{-1}-L^{-1} 関係：モンテカルロ・シミュレーション[46]

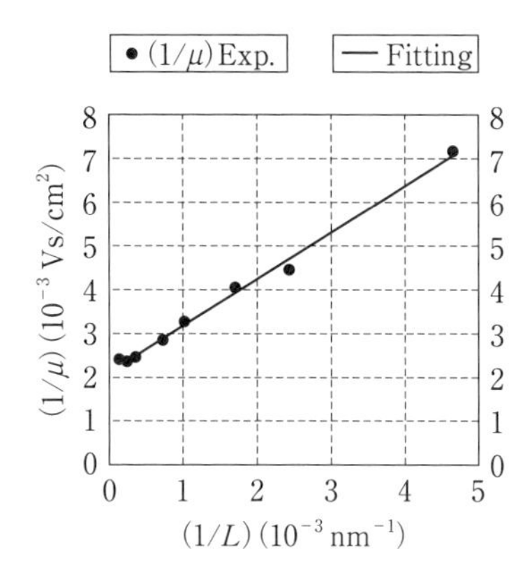

図 6.8 引っ張りストレスを加えた，通常構造の nMOSFET の μ^{-1}-L^{-1} 関係：実測[45)]

図6.8は引っ張りストレスを加えたnMOSFETのμ^{-1}-L^{-1}プロットの実測カーブである．こちらもきれいな直線に乗っており，関連するパラメタがフィッティングにより，$\mu_{\rm long}=458\ {\rm cm^2/Vs}$，$\lambda=20\ {\rm nm}$ および $\{1/(1-r)+B_0/v_{\rm inj}\}=2.5$ と定まる．いずれの場合も，$\mu_{\rm long}$ および λ の値はほぼ妥当な大きさとみることができる．一方，ドレインやチャネルからの後方散乱の効果は，これらの数値を逆数にして該当する透過確率に直すとそれぞれ29%および40%となり，透過確率の大きな減少をもたらしていることがわかる．

この様子を探るために，バリスティック MOSFET の特性を実測値と比較した図 5.9 を見直してみよう．この図によれば，ドレイン電圧の大きい領域では実測特性がバリスティック特性にほぼ一致している．ドレインやチャネルからの後方散乱がほとんど起きていないことを示し，それは光学フォノン放出などのキャリヤ・エネルギーの緩和機構が強力に機能しているためと思われる．一方，低電界移動度の測定に対応して低ドレイン電圧の領域をみると，実測電流はバリスティック電流のほんの一部の大きさしかない．これは，ソースからチャネルに注入されたキャリヤのフラックスの大部分が素子内で散乱を受けて，再度ソースに戻っていることを表す．その散乱は，チャネル内の後方散乱である可能性を否定はできないが，もともとこの素子ではチャネル内でのキャリヤ散乱をごく低く抑えるように意図されていたことを考慮すると，その散乱の大きな部分がドレイン近傍からチャネルへの後方散乱に起因しているという推定も可能ではある．ドレイン電界が大きくソース・ドレイン間のエネルギー差が光学フォノンのエネルギーを超える場合には，ソースのエネルギー・レベルにあるキャリヤにとっては，チャネルおよびドレイン内で大きなエネルギー緩和を起こす確率が大きくなる．いったんエネルギー緩和したキャリヤは，そのエネルギー・レベルがソースのエネルギー・レベルに届かないためソースに戻ることなく，結局ドレインに集められドレイン電流となる．キャリヤのエネルギー緩和には，ソースからドレインに向かう電流を方向付けラッチして逆流を抑える機能がある．低電界でドレイン電圧が小さく光学フォノンの放出が抑制される状況においては，この機能が弱まってソースへのキャリヤの逆流の可能性が大きくなる．ドレイン電圧がごく小さい場合は，ソースから熱エネルギー程度の低エネルギーのキャリヤが流れ込んでくる．ドレイン内には多くの不純物イオンや結晶欠陥があり，それらによる弾性散乱の確率が高そうにみえる．一方では，キャリヤ密度が大きいため不純物電荷の静電遮蔽が強く効いて，散乱確率が低下することも考えられる．また，不純物散乱はキャリヤの進行方向を少しずらす程度の小角散乱が主であるといわれ，進行方向を逆転してチャネルに弾き返す可能性は小さいとも考えられる．しかし，以前にも指摘したように，ここで問題となるのは個々の散乱現象でなく，定常的なキャリヤの流れである．ドレインにはチャネルから定常的なキャリヤのフラックスが流れ込んで，その一部は素子の出力として素子外に流出し，他の一部はドレインからチャネルに向かって逆流していく．それらのキャリヤの流れは，多重のキャリヤ散乱により方向付けられる．散乱の影響が小さいままドレインの奥深くに進んだキャリヤは，最終的にはドレインを取り囲むpn接合のポテンシャル・バリヤにより跳ね返されるだろう．熱エネルギーのキャリヤの速度は～10^7 cm/s程度でドレインのサイズが100 nm程度ならキャリヤがドレインを過ぎる時間は10^{-12}s程度，これは音響フォノン散乱の時定数と同程度だが，音響フォノン散乱は弾性散乱に近く，キャリヤのエネルギー緩和にはもっと時間がかかるだろう．ドレイン内に留められて長く滞留するようなことがなければ，飛び込んだキャリヤの内一部が，エネルギー緩和を起こす前に再度チャネルに飛び出してくるという可能性が充分に考えられる．

7

微細系の MOS キャパシタンス

極微細系の MOS キャパシタンスについて，もう少し詳細に調べよう[51)].

7.1 キャパシタンス成分への分割

第 4 章で MOS 接合のキャパシタンスについて考察した．そこで主として議論されたのは，(4.10) 式に示されるような絶縁膜としての酸化膜のキャパシタンスだった．しかし，ナノスケール・トランジスタに用いられる極薄膜の場合には，もう少し詳細な議論が必要となる．キャパシタンスは原則として 2 端子素子であり，その大きさは両端子間に外から印加される電圧と系に蓄えられる電荷との比として与えられる．図 4.4 で示した MOS 接合のバンド構造の模式図を，より詳細に書き表すと図 7.1 のようになる．まず半導体と酸化膜との界面の構造は，図 4.4 では単純に界面の三角ポテンシャルに古典的な電子ガスが捕捉されるとした．界面に反転層が形成され始めるのは，バンドの曲がり ψ_S が $2\psi_B$ に等しくなったときであった．これは，三角ポテンシャルの底のエネルギーでみると，$(E_f+E_g/2-\psi_B)$ というエネルギー・レベルにあたる．しかし，実際にはこの三角のポテンシャル井戸内に，量子化された複数のエネルギー・レベルが形成される．このエネルギー・レベルのうち，ポテンシャル井戸の底から測って最低のレベルを E_{0_z} としよう．このエネルギー・レベルに捕われた電子は反転層を形成し，界面に平行な面内には自由に運動できる．その運動エネルギーのため電子のエネルギーは E_{0_z} よりも上昇する．可能な電子状態のエネルギー・レベルは E_{0_z} より上方に向かって連続的に分布し，単位エネルギー幅当たりの状態の数が 2 次元電子の状態密度により与えられる．反

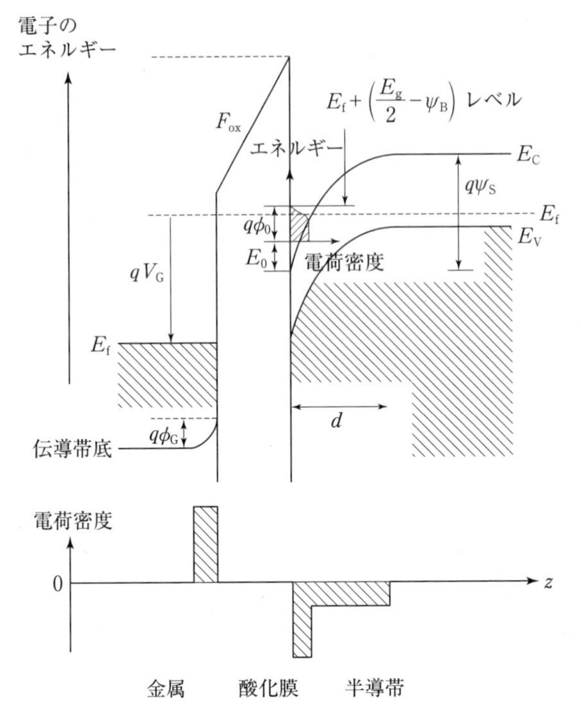

図 7.1　MOS 界面の詳しいバンド構造
$E_f+[E_g/2+(E_g/2-\psi_B)]$ は簡単な図 4.4 の場合の三角ポテンシャルの底の位置.

転層電子はそれらの電子状態に，フェルミ分布関数に従って分布する．図 4.4 の結果と符合するように，電子は E_{0_z} レベルから高エネルギー側に向かって $(E_f+E_g/2-\psi_B)$ レベルまで分布すると考えよう．両レベル間のエネルギー差を，図 7.1 のように $q\phi_0$ とおくことにする．$q\phi_0$ の増大とともに，反転層電子の数が増大してゆく．バンドの曲がりの大きさ ψ_S は，図 4.4 の場合に比べると $(q\phi_0+E_0)$ だけ大きい値をとることとなる．E_{0_z} レベルの束縛エネルギーを E_0 として

$$\psi_S=2\psi_B+\phi_0+\frac{E_0}{q} \tag{7.1}$$

目を転じて，図 4.4 のゲート電極側をみよう．ゲート電極は金属や高不純物濃度の n 型ポリシリコンからなり，通常バンド内には電子の縮退したエネル

ギー分布がある．ゲート電極内でフェルミ・レベルは一定であり，電子の移動は起こらない．酸化膜から離れた位置のゲート電極内部はバンドの底が水平であり，電界はゼロである．他方酸化膜内には F_{ox} の電界が掛かっているから，ゲートと酸化膜の界面近くには $\varepsilon_{ox}F_{ox}$ の正の電荷密度があって，酸化膜内の電界を遮蔽し電極内への侵入を阻止している．図 4.4 ではこの電荷層の厚さをゼロとしていたが，実際はいわゆる静電遮蔽距離だけの厚さを持つ．この間の電荷分布によりバンド底（静電ポテンシャル）は図のように変化して，酸化膜界面近くでバンドが曲がる．その曲がりを $q\phi_G$ としよう．以上の詳細を（4.7）式に反映させると

$$V_G = V_{FB} + 2\psi_B + \phi_0 + \frac{E_0}{q} + \phi_G + \frac{\sqrt{2\varepsilon_s q N_a (2\psi_B + \phi_0 + E_0/q)}}{C_{ox}} + \frac{Q_i}{C_{ox}} \tag{7.2}$$

となる．V_G が増大すると右辺の ϕ_0 や E_0，ϕ_G が増大し，同時に反転層電荷密度 $|Q_i|$ も増大する．$|Q_i|$ が与えられれば，これらの諸量の大きさも定まり対応する V_G も定まる．電圧変化によって電荷密度の変化も引き起こされることから，ϕ_0 や E_0，ϕ_G の各量に関してそれぞれの単位面積当たりのキャパシタンスが定まる．

$$C_D = \frac{d|Q_i|}{d\phi_0} \tag{7.3}$$

は，状態密度にキャリヤが充填されフェルミ・レベルが上昇することに起因するキャパシタンスで，反転層の状態密度キャパシタンスである．また

$$C_{inv} = \frac{d|Q_i|}{d(E_{0_z}/q)} \tag{7.4}$$

は，反転層のキャリヤ電荷の増大によりその量子化レベルが押し上げられる効果によるキャパシタンスで，反転層の厚さのキャパシタンスである．次に，電極電荷によって酸化膜の電界が静電遮蔽されることに起因する，電界の遮蔽距離のキャパシタンス C_{ES} を考えよう．ゲート電極電荷の大きさを $|Q_G|$ とすると，これは

$$C_{ES} = \frac{d|Q_G|}{d\phi_G} \tag{7.5}$$

で与えられる．ゲート電極電荷の大きさは，空乏層電荷と反転層電荷との和の大きさに等しく，

$$|Q_G| = |Q_d| + |Q_i| \tag{7.6}$$

となる．空乏層電荷は（4.3）式に示されており，空乏層のキャパシタンスは $|Q_d|$ を（4.2）式中の ψ_S で微分することによって

$$C_d = \frac{\varepsilon_s}{d} \tag{7.7}$$

と与えられる．上記のように $|Q_d|$ は ψ_S の関数であり，ψ_S は（7.1）式から ϕ_0 や E_0 の関数であり，さらに ϕ_0 や E_0 は $|Q_i|$ の関数であることから，結局 $|Q_d|$ は $|Q_i|$ の関数となって $|Q_G|$ もまた $|Q_i|$ の関数となる．両者の関係式として，(4.2)，(4.3)，(7.1)，(7.3)，(7.4) 式を用いると

$$\frac{d|Q_G|}{d|Q_i|} = 1 + \frac{C_d}{C_D} + \frac{C_d}{C_{inv}} \tag{7.8}$$

という式が得られる．一方，ゲートの有効キャパシタンス C_{eff} は

$$C_{eff} = \frac{d|Q_i|}{dV_G} = \left(\frac{dV_G}{d|Q_i|}\right)^{-1} \tag{7.9}$$

と設定されるので，これを用いてゲート・キャパシタンスの表式を求めることができる．すなわち，(7.2) 式の両辺を $|Q_i|$ で微分し，(4.2)，(4.3) および (4.4) 式を用いて変形する．途中，

$$\frac{d\phi_G}{d|Q_i|} = \frac{d\phi_G}{d|Q_G|} \cdot \frac{d|Q_G|}{d|Q_i|}$$

に（7.5）式の逆数，および（7.8）式を用いると，（7.9）式の逆数が

$$\frac{1}{C_{eff}} = \left(1 + \frac{C_d}{C_{ox}}\right)\left(\frac{1}{C_D} + \frac{1}{C_{inv}}\right) + \frac{1}{C_{ES}}\left(1 + \frac{C_d}{C_D} + \frac{C_d}{C_{inv}}\right) + \frac{1}{C_{ox}} \tag{7.10}$$

という関係式として得られる．ここに

$$\frac{C_d}{C_{ox}} = \frac{\varepsilon_s}{\varepsilon_{ox}}\frac{t_{ox}}{d} \tag{7.11}$$

なので，もし，通常マクロスコピックな素子の場合のように $t_{ox} \ll d$ が成り立ち，また $C_D \gg C_d$ および $C_{inv} \gg C_d$ が成り立てば，C_G は C_{ox}，C_D，C_{inv} および C_{ES} の直列接合で与えられることがわかる．いずれにせよ，C_D，C_{inv} および C_{ES} が逆数の形で寄与しているため，これらのキャパシタンス成分が極めて大きい場合（言い換えれば，同じ $|Q_i|$ の変化量に対して関連するこれらのエネルギー・レベルの変化が極めて小さい場合）には，結果にそのキャパシタンス成分の寄

与が効かなくなる．これらのキャパシタンス成分のいずれもが極めて大きい場合は，ゲート・キャパシタンスは酸化膜のキャパシタンスだけとなる．

(7.7) 式の空乏層のキャパシタンスは，空乏層の電荷 $|Q_d|$ をバンドの曲がり ψ_S (反転層電荷の寄与を無視した) で微分する，微小電圧変化に対応するキャパシタンスである．この値は ψ_S が変化すれば変動するので，大雑把に平均して $\bar{C}_d \equiv |Q_d|/\psi_S = 2\varepsilon_s/d$ を使う方が便利な場合もある．

7.2　状態密度に由来するキャパシタンス[52)]

状態密度のキャパシタンスの具体的な表現を求めてみよう．(7.3) 式の C_D は図 7.1 より，反転層の状態密度 $D_i(E)$ および (2.47) 式のフェルミ分布関数 $f(E, E_f)$ の表式を用いて

$$\frac{d|Q_i|}{d\phi_0} = q^2 \frac{d}{d(E_f + E_g/2 - \psi_B - E_0)} \int_{E_0}^{\infty} D_i(E) f(E, E_f)\, dE$$

$$= q^2 \frac{d}{d(E_f - E_0)} \int_{E_0}^{\infty} D_i(E) f(E - E_0, E_f - E_0)\, dE \qquad (7.12)$$

と書き表せる．フェルミ分布関数は

$$\frac{df(E, E_f)}{dE_f} = -\frac{df(E, E_f)}{dE} \qquad (7.13)$$

の関係が成り立ち，またフェルミ分布関数を微分した関数は，E の関数として $E = E_f$ を中心とする幅が $k_B T$ 程度の狭いピークを持つデルタ関数型であるので，(7.12) 式の積分を計算する際に $D_i(E)$ を近似的に $D_i(E_f)$ と定数に置き換えて積分の外に出すことができる．残ったフェルミ分布関数だけの積分を実行すると，状態密度のキャパシタンスの表式を

$$C_D = q^2 D_i(E_f) \qquad (7.14)$$

という形に求めることができる．反転層は 2 次元のキャリヤからなるので，2 次元の状態密度のキャパシタンスを評価するため，2 次元の状態密度を求めておこう．簡単のため等方的な有効質量 m を想定してキャリヤのエネルギーが $E = (\hbar^2/2m)k^2$ と表されるとしよう．ここに k は 2 次元の波動ベクトル (k_x, k_y) の絶対値とする．エネルギーの大きさが E より小さいような (k_x, k_y)

で指定される状態の数 $N_2(E)$ は（2.57）式と同様にして

$$N_2(E) = 2\int_{-\infty}^{\infty}\int_{-\infty}^{\infty} \frac{dk_x dk_y}{(2\pi)^2}\bigg|_{k_x^2+k_y^2\le k^2} = \frac{2}{(2\pi)^2}(\pi k^2) = \frac{m}{\pi\hbar^2}E \tag{7.15}$$

と表されるので，（7.15）式をエネルギーで微分して 2 次元の状態密度 $D_2(E)$ を

$$D_2(E) = \frac{m}{\pi\hbar^2} \tag{7.16}$$

と求められる．反転層のフェルミ・レベルの位置によって，複数のバレーや各量子レベルからの寄与などを合わせて n_{v} 個の 2 次元サブバンドの寄与があれば，それらを考慮して

$$C_{\mathrm{D}} = q^2 n_{\mathrm{v}} \frac{m}{\pi\hbar^2} \tag{7.17}$$

という式にまとめられる．数値的な大きさをみるため，（100）面上の MOSFET を想定し，有効質量が $0.19m_0$ の二つのバレーの最低サブバンドのみが反転層に寄与している場合を考えよう．キャパシタンスの値を，等価な酸化膜の厚さに換算して表す方法である有効酸化膜厚（effective oxide thickness：EOT，$C_{\mathrm{D}} = \varepsilon_{\mathrm{ox}}/t_{\mathrm{EOT}}$ と書き表したときの t_{EOT}）で表すと，$t_{\mathrm{EOT}} = 0.14$ nm 程度と見積もられる．

7.3　反転層の厚さのキャパシタンス[53)]

MOS 界面のポテンシャル井戸にとらわれたキャリヤが，量子化されたエネルギー・レベルを持つことに起因するキャパシタンスである．ポテンシャル井戸は基本的に空乏層電荷により形成され，界面近くでは三角ポテンシャルで近似できる構造を持つ．しかし，反転層キャリヤの電荷分布が空乏層電荷の作る電界を変調するので，一定の電界で記述できる単純な三角ポテンシャルにはならない．この電界の変調が量子化レベルの変調をもたらして，（7.4）式のキャパシタンスを生じさせる．界面近傍のキャリヤのポテンシャル・エネルギーおよび反転層電荷密度の分布を，図 7.2 に模式的に示す．電界の大きさは空乏層電荷の作る電界の寄与と反転層電荷による寄与との和となる．横軸 z の値の充分に大きいところでは，いずれの電荷も小さくなり電界もゼロに近づく．反転

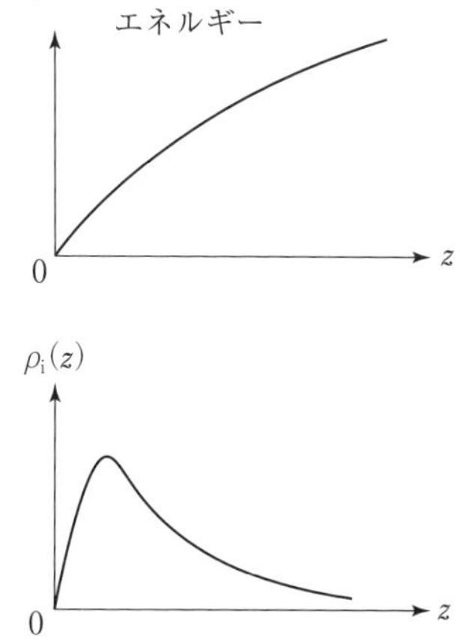

図 7.2　界面近くのキャリヤのポテンシャル・エネルギーと反転層電荷密度の分布

層の厚さは空乏層の厚さに比べてごく薄いことを考慮すると，反転層の電荷が局在している狭い領域内では空乏層電荷の作る電界はほぼ一定であると近似できる．この一定電界の大きさを F_0 とおき，また反転層の単位体積当たりの電荷密度（負の値）を $\rho_i(z)$ とおくと，ガウスの定理より z 点の電界は

$$F(z) = \frac{1}{\varepsilon_s}\int_z^{\infty} \rho_i(z)\,dz + F_0 \tag{7.18}$$

と書き表せる．このように電界分布 $F(z)$ が場所依存性を示し，しかも反転層電荷分布に依存するので，そのようなポテンシャル井戸中に形成されるエネルギー・レベルの算出は困難である．ここでは概略の振る舞いを知るため，反転層キャリヤが感ずる平均的な有効電界を求め，その電界の作る三角ポテンシャル中の量子化エネルギー・レベルを（4.19）式により推定して用いることとする．反転層電荷は単位面積当たり

$$|Q_i| = \int_0^{\infty} \rho_i(z)\,dz \tag{7.19}$$

なので，キャリヤの感ずる平均的な有効電界 $\bar{F}$ は，

$$\bar{F} = \frac{1}{|Q_i|}\int_0^{\infty} F(z)\,\rho_i(z)\,dz \tag{7.20}$$

と与えられる．(7.18) 式を代入して少し変形すると

$$\bar{F}=\frac{|Q_{\mathrm{i}}|}{\varepsilon_{\mathrm{s}}}-\frac{1}{\varepsilon_{\mathrm{s}}|Q_{\mathrm{i}}|}\int_{0}^{\infty}\rho_{\mathrm{i}}(z)\int_{0}^{z}\rho_{\mathrm{i}}(z)\,dzdz+F_{0} \tag{7.21}$$

となる．ところで，恒等式

$$\frac{1}{2}\frac{d}{dz}\left(\int_{0}^{z}\rho_{\mathrm{i}}(z)\,dz\right)^{2}=\rho_{\mathrm{i}}(z)\int_{0}^{z}\rho_{\mathrm{i}}(z)\,dz \tag{7.22}$$

が成り立つので，両辺を 0 から ∞ まで積分すると

$$\int_{0}^{\infty}\rho_{\mathrm{i}}(z)\int_{0}^{z}\rho_{\mathrm{i}}(z)\,dzdz=\frac{1}{2}|Q_{\mathrm{i}}|^{2} \tag{7.23}$$

という関係が得られる．この式を (7.21) 式に代入して

$$\bar{F}=\frac{|Q_{\mathrm{i}}|}{2\varepsilon_{\mathrm{s}}}+F_{0} \tag{7.24}$$

という式が得られる．最低サブバンドのエネルギー・レベル E_0 は (4.19) 式から

$$E_{0}=\left(\frac{9\pi\hbar q}{8\sqrt{2m^{*}}}\right)^{2/3}\bar{F}^{2/3}=\frac{3}{2}q\bar{F}\langle z\rangle_{0_z} \tag{7.25}$$

であるので，この表式に (7.24) 式を代入した結果を $|Q_{\mathrm{i}}|$ で微分し，得られる式を (7.25) 式の $\langle z\rangle_{0_z}$ で表せば $dE_{0_z}/d|Q_{\mathrm{i}}|$ が求められる．ここに $\langle z\rangle_{0_z}$ は最低サブバンドの電子状態の重心位置を示し，最低サブバンドの反転層の厚さを与える．得られた結果から，反転層の厚さのキャパシタンスは

$$C_{\mathrm{inv}}=\frac{d|Q_{\mathrm{i}}|}{d(E_{0}/q)}=\frac{2\varepsilon_{\mathrm{s}}}{\langle z\rangle_{0_z}} \tag{7.26}$$

と得られる．その大きさは，大雑把にみて，$|Q_{\mathrm{i}}|=10^{13}\,\mathrm{cm}^{-2}$，$F_0$ を無視できると想定すると (7.24) 式から $\bar{F}=7.7\times10^{5}\,\mathrm{V/cm}$, (7.25) 式から $E_0=0.15\,\mathrm{eV}$ および $\langle z\rangle_{0_z}=2.8\,\mathrm{nm}$ となり，C_{inv} は EOT で表して $t_{\mathrm{EOT}}=0.47\,\mathrm{nm}$ 程度と見積もられる．

7.4　電界の遮蔽距離のキャパシタンス[54, 55]

ゲート電極界面のバンド図を図 7.3 に模式的に示す．図の $z\leq0$ の酸化膜内の電界を遮蔽するように，電子のポテンシャル・エネルギーが上昇して界面近

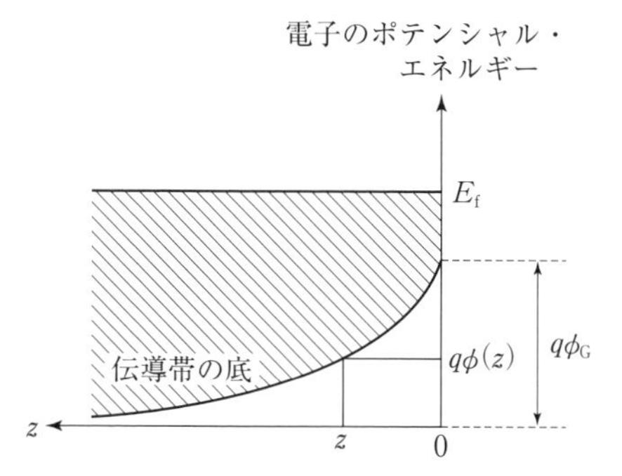

図 7.3　ゲート電極の界面におけるエネルギー・バンドの曲がり

くの電子が排除され残留するイオンの正電荷が正味の電荷分布を作る．z 点におけるバンドの曲がりを $q\phi(z)$ と書くと，$\phi(z)$ は静電ポテンシャルの符号を逆転させた量に当たる．ゲート電極は金属などであり高密度の電子を含むので，電子のエネルギー分布はボルツマン分布でなく縮退していると想定できる．バンドの底が $q\phi(z)$ だけ上昇すると，バンドの底から計ったフェルミ・エネルギーの大きさがそれだけ減少し，それに対応する電子濃度の減少分だけイオンによる正の電荷密度が生じる．このような考え方に従って z 点の電荷密度分布 $\rho(z)$ を計算しよう．フェルミ分布関数を 1 次まで級数展開して，7.2 節と類似の議論を用いると，

$$\begin{aligned}\rho(z) &= q\int_0^\infty D_G(E)\,[\,f(E, E_f) - f(E, E_f) - q\phi(z)\,]\,dE \\ &= q^2\int_0^\infty D_G(E)\phi(z)\frac{df(E, E_f)}{dE_f}dE = q^2\int_0^\infty D_G(E)\phi(z)\left(-\frac{df(E, E_f)}{dE}\right)dE \\ &= q^2 D_G(E_f)\phi(z) \end{aligned} \tag{7.27}$$

と求められる．$D_G(E)$ はゲート材料の 3 次元状態密度である．$\phi(z)$ を求めるためのポアソンの方程式は，電荷密度の項に(7.27)式を用いて構成できる．トーマス・フェルミの遮蔽距離

$$\lambda_{TF} \equiv \sqrt{\frac{\varepsilon_0}{q^2 D_G(E_f)}} \tag{7.28}$$

を用いてそのポアソンの方程式を変形すると

$$\frac{d^2}{dz^2}\phi(z)=\frac{1}{\lambda_{\rm TF}{}^2}\phi(z) \tag{7.29}$$

という表式が得られる．ε_0 は真空の誘電率を表す．この方程式を，$\phi(0)=\phi_{\rm G}$, $\phi(\infty)=0$ の境界条件の下に解くと

$$\phi(z)=\phi_{\rm G}\exp\left(-\frac{z}{\lambda_{\rm TF}}\right) \tag{7.30}$$

という解が得られる．この解と（7.27）式の $\rho(z)$ とからゲートの電荷 $Q_{\rm G}$ は

$$Q_{\rm G}=\int_0^{\infty}\rho(z)\,dz=q^2D_{\rm G}(E_{\rm f})\,\lambda_{\rm TF}\phi_{\rm G} \tag{7.31}$$

となり，（7.5）式から最終的に

$$C_{\rm ES}=\frac{\varepsilon_0}{\lambda_{\rm TF}} \tag{7.32}$$

となる．$\lambda_{\rm TF}$ には 3 次元の状態密度が含まれているが，自由電子モデルを用いるとこれは（7.15）式と同様に求められる．すなわち

$$N_3(E)=2\int_{-\infty}^{\infty}\int_{-\infty}^{\infty}\int_{-\infty}^{\infty}\frac{dk_xdk_ydk_z}{(2\pi)^3}\bigg|_{k_x^2+k_y^2+k_z^2\le k^2}=\frac{2}{(2\pi)^3}\left(\frac{4}{3}\pi k^3\right)=\frac{(2m)^{3/2}}{3\pi^2\hbar^3}E^{3/2} \tag{7.33}$$

から

$$D_3(E)=\frac{(2m)^{3/2}}{2\pi^2\hbar^3}E^{1/2}=\frac{3}{2}\frac{N_3(E)}{E} \tag{7.34}$$

と求められる．この表式を用いてフェルミ・エネルギーに対する状態密度を算出し（7.28）式から $\lambda_{\rm TF}$ を見積もり，（7.32）式の $C_{\rm ES}$ の大きさをみてみよう．微細な MOS では金属ゲートの構造が用いられるので，Al ゲートを想定する．Al のフェルミ・エネルギーは 11.63 eV，電子密度は $18.06\times10^{22}\,{\rm cm}^{-3}$ とすると[2)]，$\lambda_{\rm TF}=0.05$ nm と見積もられる．このことから $C_{\rm ES}$ は EOT で表して $t_{\rm EOT}=0.2$ nm 程度と見積もられる．ポリシリコンのゲートでは，$10^{20}\,{\rm cm}^{-3}$ 程度の高不純物濃度にドープしても，キャリヤ密度が $10^{13}\,{\rm cm}^{-2}$ の強反転の場合には薄い空乏層が形成されてしまい，上記の解析の取り扱いは適用できない．

8

MOS トランジスタの微細化限界

MOS トランジスタは，初期の集積回路には第 1 章に示したように 10 μm 程度の大きさの素子が用いられた．それが年を追って微細化が進められ，最近は 10 nm レベルにまで達している．この間，世代の更新ごとに微細化への技術的な壁が立ちはだかり，何度も“微細化限界”が囁かれてきた．しかし，そのたびごとに新たな技術開発が達成され，それらの“限界”を乗り越えてきた歴史がある．工業生産された製品の中でも，これほど急速な技術開発が連続的に要求され続け，それに応えてこれほど新しい技術が注ぎ込まれ続けた製品も珍しいといえる．微細化への技術的な壁は，微細な構造を作製する製造技術に関するものと，微細な素子に要求される素子性能に関するものとに分けられる．製造技術に関する限界は，例えば従来の素子で可視光を用いた光リソグラフィ技術により素子のパターンを定義していたのが，素子サイズが光の波長以下になって通常の光リソグラフィ技術が使えなくなるといったケースである．極微細なパターンに対応した新しいリソグラフィ技術の開発には，工場生産に堪え得る新しいリソグラフィ自体の技術開発，それを行うための製造装置の開発，必要量の設備の確保や装備など，技術的にも経済的にも多大な困難を乗り越える必要があった．一方，素子特性に関する微細化限界としては，新しい世代の素子の導入に際してほとんどいつも“短チャネル効果”と呼ばれる問題を克服する必要があった．短チャネル効果は，広義には短チャネル化といわれる素子の微細化に伴う不都合を広く意味することがあるが，狭義には短チャネル化に伴うソース・ドレイン間のリーク電流の増大，スイッチ機能における閾値電圧の低下などをさす．比例縮小の法則は短チャネル効果を抑制する有力な指針である．しかし，多くの素子パラメタの素子特性への影響が必ずしも線型的ではなく，さらに微細化による副次的な問題の発生などもあるため，単純な比例縮小が最良の解決策につながるわけではない．短チャネル効果の抑制への指向は，ゲート電極のチャネル領域に対するコントロール性の向上を求めることとなり，チャネル領域に対向するゲート電極の面積の相対的な比率を大きくすることに向かった．チャネル領域の側面にもゲートを配する FinFET，チャネルの上下 2 方向にゲート電極を設置したダブル・ゲート MOSFET，チャネルの周囲をゲート電極で囲む Gate all around MOSFET，そして究極の構造のナノワイヤ MOSFET 等々．極微細な素子を用いて最大限の集積化を実現するために，個々の素子の動作特性に許される許容範囲は狭く絞られている．例えば，微細な素子の耐圧や信頼性を保つため電源電圧が低く抑えられる．トランジスタの閾値電圧は，許される値よりも高めの値に傾けば，低抵抗であるべき動作時のオン抵抗が上がりすぎ，逆に低めの値に傾けば，スイッチ・オフのときのリーク電流が増えてしまう．デリケートなコントロールが比較的困難であるとされる工場生産において，本質的にバラつきを有する膨大な数のトランジスタの特性を，狭い許容範囲の中に押さえ込み得るような素子構造や製造技術が求められる．微細化限界の突破は，いつも新しい科学技術の導入から始まり，最終的には大量生産技術の確立まで続く困難なステップである．

素子の微細化限界の議論は，多種類の限界が議論されており，そのレベルや対処法も多岐にわたり，少ない紙面で議論を尽くすことは困難である．また，微細化限界の詳細な議論は本書の意図するところではない．ここでは，素子特性という側面から，本質的な問題をいくつか簡単に議論するにとどめたい．

(1) 結晶や不純物原子の離散性

最近の MOS トランジスタはチャネル長が 10 nm レベルにまで微細化されてきている．一方，材料であるシリコンの結晶格子の格子定数は 0.543 nm であり，チャネルに沿って 20 格子点しかない．従来の「連続的な材料で作られた素子」というモデルは，そろそろ限界であろう．それを修正して，シリコン原子や不純物原子がディスクリートな場所を占め，キャリヤが原子軌道間をスキップしながら輸送されていくようなキャリヤの輸送や制御のモデルを構成できれば，さらなる微細化も可能だろう．しかし，デバイスはソースおよびドレインの 2 つの電極が区別されて，その間に介在するチャネル部分においてキャリヤの流れを制御する構造となっており，その機能を守るとするならば，原理的に3格子点以下への微細化はあり得ない．

(2) 障壁構造のトンネル・リーク

ナノスケールに微細化された系では，量子力学的な効果がその特性を大きく支配するようになる．トランジスタにおいては，周知のようにキャリヤのフローのコントロールが肝要であるので，特にコントロール不能なリーク電流を引き起こす可能性のある量子力学的なトンネル効果の影響に注意する必要がある．トンネル効果のWKB理論によれば，図8.1のようなトンネル障壁 $V(x)$ に，電子が左から入射して右側に透過して出る確率 T は，電子のエネルギーを E とするとき

$$T \approx \exp\left(-\frac{2\sqrt{2m}}{\hbar}\int_a^b \sqrt{V(x)-E}\,dx\right) \tag{8.1}$$

と与えられる．m は電子の質量である．電子のエネルギーからみた障壁の高さの平方根を平均して

$$\overline{(\Delta V)^{1/2}} = \frac{1}{b-a}\int_a^b \sqrt{V(x)-E}\,dx \tag{8.2}$$

とおくと，(8.1) 式は

$$T \approx \exp\left(-\frac{2\sqrt{2m}}{\hbar}(b-a)\overline{(\Delta V)^{1/2}}\right) \tag{8.3}$$

と書き換えられる．トンネル確率がパラメタに指数関数的に依存しており，それによって引き起こされるリーク電流は，パラメタのわずかな変化により大き

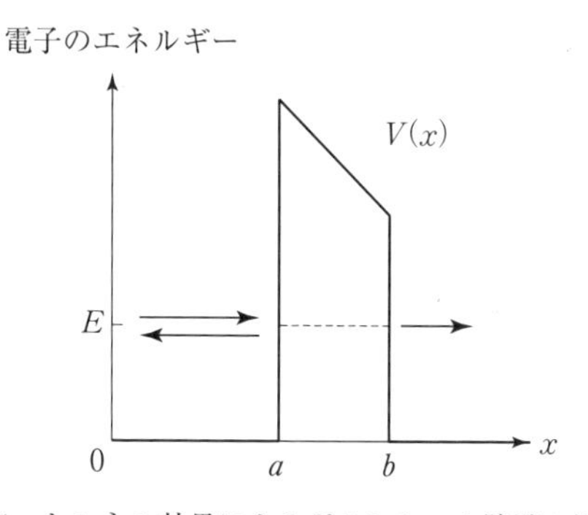

図8.1 トンネル効果によるポテンシャル障壁の透過

く左右される．べき指数は障壁の厚さに比例するが，障壁の高さには平方根に比例しており，厚さの効果の方が大きい．比例縮小則に従いMOSトランジスタを微細化すると酸化膜厚が減少するが，過度の薄膜化はトンネル・リークの増大を招く．ゲート・リークの増大は，入力インピーダンスが大きいというMOSトランジスタの重要な利点を破壊する．MOSFETのトンネル・リークに関して，酸化膜厚が2 nmであるn型の素子に2 Vのゲート電圧を印加すると，約1 A/cm^{2}のリーク電流が流れるというデータがある[56)]．ゲート誘電体膜に，SiO_2よりも誘電率の大きいHfO_2など高誘電体膜の開発が進んでいる．誘電率の大きな材料を用いることにより，同じ大きさのキャパシタンスを物理的膜厚のより厚い膜によって実現できるので，トンネル・リークを抑制しながらキャパシタンスの増大を図ることが可能となる．極微細なMOSトランジスタにおいてはソース・ドレイン間のトンネル・リークが問題となる場合もある．MOSトランジスタはスイッチ素子であり，通常数桁におよぶ高性能なオン・オフ比が要求される．高集積なチップ上には，常時膨大な数のオフ状態にあるトランジスタが存在する．リークの増大によりオフ時にも許容を超えるリーク電流が流れるならば，これらチップ上のオフ・トランジスタのリークの総和がチップの消費電力の大幅な増大をもたらして，システムのバッテリー動作の可能性を失わしめるに到る．ソース・ドレイン間のトンネル・リークを如何に抑制できるかはMOSトランジスタの極限微細化の制限要因であり，しかも従来のトランジスタ構造を用いる限りは回避が難しい問題ではある．

(3) MOS有効膜厚の最小限界

酸化膜厚の薄膜化はMOSトランジスタの比例縮小則の要求でもあり，またMOSキャパシタンスの増大による電流駆動力の増大につながるもので，他方で膜質の動作信頼性の確保を図りつつ模索され続けてきた．その努力を原理的なトンネル・リークの問題が阻んだが，これも高誘電体膜の適用により回避の方向にある．しかし，前章の議論によればMOS接合の有効キャパシタンスC_{eff}にはC_{ox}以外に寄生容量ともいうべきC_{D}やC_{inv}, C_{ES}などの寄与も含まれる．誘電体膜の薄膜化や高誘電率化によりC_{ox}を大きくしようとしても，C_{eff}の値にはおのずから他の寄生容量から来る限界があることがわかる．(7.10) 式を用い，C_{ox}，C_{D}およびC_{inv}がC_{d}に比べて充分に大きい場合を考えると，C_{eff}は

C_{ox} や C_D, C_{inv}, および C_{ES} の直列結合で与えられるキャパシタンスに一致する. EOTで与えられたキャパシタンスの場合には, いくつかの直列結合されたキャパシタンスの和は単に t_{EOT} の値の足し算を行うことにより求められる. 前章における C_D や C_{inv}, C_{ES} の値は, 大きさの程度をみるために大雑把な予測を行ったもので精度の高い数値とはいえないが, それらを用いて C_{eff} の最大値を見積もると, EOTの値で $t_{EOT}=0.8$ nm 程度の値が得られる. この値が, この構造を持つMOS接合のキャパシタンスの大雑把な微細化限界といえる.

(4) スイッチ時間の最小限界

MOSトランジスタの回路を用いてデジタル信号の処理を行う場合は, トランジスタのソースやドレインに接続された回路節点の電圧レベルを用いて信号のレベルを表現する. これらのソースやドレインの電極はいわゆるキャリヤ溜めであり, その電圧レベルはキャリヤ集合のフェルミ・レベル（ケミカル・ポテンシャル）と一致すると考えられる. 静電ポテンシャルという考え方もあり得るが, 外部から検知される電圧レベルとは, それ以上外部とのキャリヤの移動が起こらなくなったときのレベルであり, それはケミカル・ポテンシャルと考えるべきである. 回路が動作し, 過渡期を経て定常の信号レベルに落ち着いたとき, キャリヤ溜めのフェルミ・レベルは, 対応する熱平衡かあるいはそれに近い準平衡の状態のレベルに落ち着く. 信号レベルが変化するときは, キャリヤ溜めの熱平衡は破られて, 新しい信号レベルに対応する準平衡に遷移する. 信号のスイッチ時間は, 従来回路接点のキャパシタンスを駆動トランジスタのインピーダンスにより充電する際のCR時定数を用いて表現されてきた. しかし, 極微細回路でこの時定数が極めて小さくなった場合には, スイッチ時間の値は, むしろ乱されたキャリヤ溜めが熱平衡に復帰しようとする際の緩和時間によって支配されるようになると考えられる. その値の大きさは, 系のエネルギー緩和を支配する非弾性散乱時間の大きさ程度とみることができる. 非弾性散乱時間の大きさは, デバイス・パラメタなどを用いたコントロールや改善が不可能であり, このレベルに到達したデバイスでは非弾性散乱時間が回路のスイッチ時間の最小限界となり得る.

(5) 熱雑音と誤動作

MOSトランジスタは高集積なLSIの構成要素として, 情報処理を行うデジタル回路に用いられる．デジタル信号の情報処理を行うために最小どのくらいのエネルギーが必要とされるか，古くから多くの議論があった．R. W. Keyes 等は論理操作の原理的な考察から，論理操作1ステップ当たり $k_B T \ln 2$ のエネルギー散逸が必要であると示した[57]．情報処理システムは，(1, 0) の2値の状態をとる論理ゲートが直列につながったような構造と考えることができて，ひとつのゲートから次のゲートへ情報が送られていく．情報を保持している論理ゲートの状態は，前項のソース・ドレインのような準平衡の状態にあり，各論理ゲートの状態が次々と将棋倒しのように伝播していくことにより信号が伝わっていく．ひとつの論理ゲートから次の論理ゲートへと信号の流れの方向は決められていて，論理ゲートから論理ゲートへ不可逆的に信号を送るのに $\Delta S = k_B \ln 2$ のエントロピーの増加が必要であり，それに見合うエネルギー散逸が $k_B T \ln 2$ である．他に，情報処理の信頼性とそれに必要なエネルギー消費の問題の議論もある．これに関して L. Brillouin がモデル解析を行って，熱擾乱に抗してエラー確率 p の信頼性を確保するためには $\Delta S = k_B \ln(1/p)$ のエントロピー増加が必要であると示した[58]．一方，C. H. Bennett 等は原理的な議論に基づいて，上記のような不可逆的な論理ゲートに代わって“可逆的な論理ゲート”を導入して情報処理を論じた[59]．可逆的論理ゲートでは，論理ゲートから論理ゲートへの情報の転送は可逆的に行われ，この間に情報の廃棄は起こらない．第1論理ゲートに信号が入力され，処理されて第2ゲートに結果の信号が出力されるシステムで，回路を逆回しに動作させると第2ゲートの出力信号が取り込まれて，第1ゲートにもとの入力信号が出てくるようなゲートである．回路系を駆動しないときは，多数の論理ゲートのチェーンの順方向の動作と逆方向の動作とが，最初のゲートと最後のゲートの間で一種の平衡状態にありどちらにも動かない．情報処理を進めるには，論理ゲートのチェーンを順方向に動かすようポテンシャル勾配を与えて系を順方向に駆動する．系が動作して情報処理が行われ，入力と出力のポテンシャル差に相当するエネルギー散逸が発生する．ポテンシャル勾配を小さくすれば，信号処理の速度が緩慢になるが，エネルギー散逸量は小さくなる．原理的には，ほとんど無限小のエネルギー散逸により情報処理を行うことができるとされる．可逆論理ゲートの導入により，信号処理に必要な最小エネルギーの限界が除かれた．

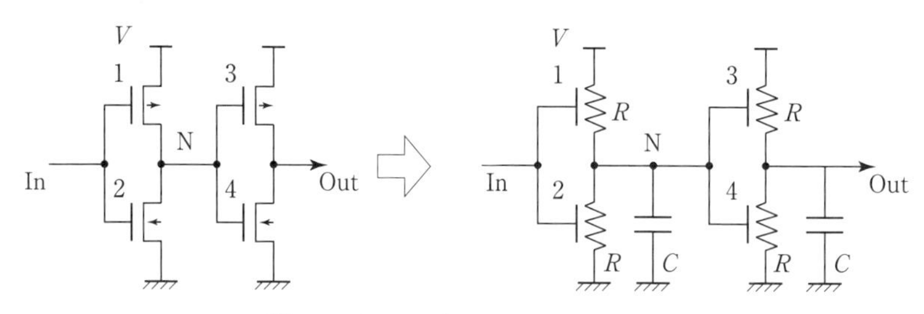

図 8.2 CMOS インバータ・チェーン
信号処理回路の基本構造を形づくる．MOS トランジスタのチャネルは抵抗素子として機能する．

ここでは原理的な議論はともかくとして，現実に用いられるような具体的なデジタル回路のモデルを用いて，情報処理の信頼性とその確保に必要なエネルギーとの関係を論じてみよう[60]．デジタル回路の基本的な構造は，CMOS の場合には一般性を失うことなく，例えば図 8.2 の左図のようなインバータと呼ばれる 2 個の MOSFET の組を複数個直列に連ねたものからなると考えることができる．インバータの上部のトランジスタ 1（ロードと呼ばれる）は p 型の MOSFET で，ドレイン端子が電源電圧（V としよう）に結ばれている．一方下側のトランジスタ 2（ドライバと呼ばれる）は n 型の MOSFET で，ソース端子が接地電位に結ばれている．p 型の MOSFET はゲート電極が接地レベルのとき導通して電源から N 回路節点（N ノードという）に電流を流し，電源電位に一致しているときは非導通となる．n 型の MOSFET はこの逆となる．図にみるインバータ回路の2段接続では，左側のIn端子が電源レベルのとき(これを例えばデジタル信号の“1”としよう（逆に接地電位なら“0”)），1 段目のインバータはロードが非導通であり，ドライバが導通して N ノードは接地電位（“0”）にクランプされる．この結果 2 段目のインバータは，同様な機構によりロードが導通してドライバが非導通となり，Out 端子の出力は電源電位（“1”）にクランプされる．これが正常動作である．しかし，何らかの誤動作のために同じ In 入力に対し N ノードが電源レベルに上昇し，しかもインバータの状態を逆転させるのに必要な“スイッチ時間”の間持続したならば，Out 端子が逆転して接地電位に下がってしまい誤動作を発生する．電源レベルまでは上昇しなくても，“1”，“0” の分岐点の $V/2$ 以上に上昇すれば誤動作するだろう．

MOSトランジスタのチャネル部分には多数のキャリヤが含まれており，回路的には図8.2の右図のように抵抗素子として機能する．トランジスタ2内のキャリヤは熱運動でランダムに走り回っており，その運動により発生する電流は平均するとゼロである．しかし，ランダムであるため瞬間的には完全にキャンセルせず，例えば接地からN端子に向かう電子の寄与が勝ればNノードから接地に向かって電流が流れる．ホワイト・ノイズとして知られる熱雑音による電流である．チャネルは抵抗素子であるためNノードの電圧も熱雑音で変動し，この場合は接地よりも上昇する．よく知られているように，熱平衡にある抵抗 R の両端に生じる雑音電圧の2乗平均 V_{noise} はナイキストの雑音公式[61]により

$$V_{\text{noise}} = 4Rk_{\text{B}}T\Delta f \tag{8.4}$$

と与えられる．Δf は帯域幅である．このようにして，たまたまNノードの電圧が $V/2$ を超えて上昇し，またホワイト・ノイズは様々な周波数成分を含むために，たまたまその電圧レベルが回路のスイッチ時間（RC とする）以上の間持続するならば，上記に示したように回路の誤動作を発生することになる．誤動作にまで到る確率は小さいにせよ，現在用いられている現実的なデジタル回路の動作信頼性のひとつの制限要因を与えている．雑音電圧の分布がガウス分布に従うとして解析を行うと，回路の誤動作確率 p が

$$p = \frac{1}{2}\operatorname{erfc}\left(\sqrt{\frac{\pi}{16k_{\text{B}}T}CV^2[\tan^{-1}(2\pi)]^{-1}}\right) \tag{8.5}$$

と与えられる結果を得る．$\operatorname{erfc}(x)$ は補誤差関数である．CV^2 はCMOS回路においてNノードの充電および放電の1動作サイクルの間に消費されるエネルギーであり，ノード・エネルギーと呼ぶことにする．比例縮小則からわかるように，回路が微細化されると C も V も減少してノード・エネルギーもまた減少するので，その大きさは回路の微細化度を示すパラメタとみることができる．(8.5) 式の関係を，温度をパラメタとしてプロットすると図8.3のようになる．誤動作確率を小さくするには，より大きなノード・エネルギーが必要であり，その傾向は温度の高いときほど著しい．数値を与えて具体的なイメージを探ってみよう．将来の大規模情報システムとして，例えば 10^{10} 論理ゲートから構成され10 GHzで動作するシステムを想定しよう．10年間の連続動作で誤動作1回以下の動作信頼性を要求するならば，ひとつの回路ノードでの誤動

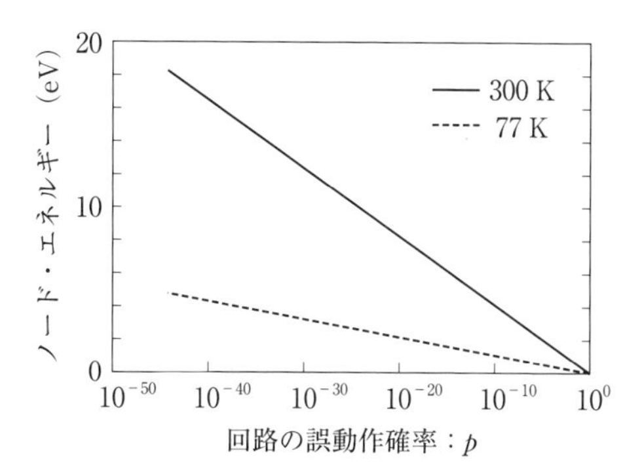

図 8.3 ノード・エネルギー（1インバータ当たりの消費エネルギー）と熱雑音による回路の誤動作確率[60)]

作の確率は $p<3\times10^{-29}$ である必要がある．このときグラフによれば常温動作の場合 11 eV（2 aJ）程度のノード・エネルギーが必要になることがわかる．単一のゲートのスイッチングは $k_{\mathrm{B}}T\ln 2\approx0.017$ eV 程度のエネルギー消費により可能であるが，大規模システムの高い信頼性を保証するにははるかに大きいノード・エネルギーを必要とする．デバイスの微細化により回路のノード・エネルギーがこの低レベルにまで達したとき，そのノード・エネルギーは熱擾乱により引き起こされる回路動作不良に関係したデバイスの微細化限界を示すことになる．上例のノード・エネルギーをデバイスのサイズに直すと 10～20 nm のレベルになるとみられる．

補誤差関数の大きさを評価して（8.5）式を逆に解くと，

$$CV^2\approx7.2k_{\mathrm{B}}T\ln\left(\frac{1}{p}\right) \tag{8.6}$$

という関係が得られる．この結果は，前述の Brillouin の解析の結果に類似していることに注意しよう．

参 考 文 献

本書の理解には，背景として量子力学，固体物理学，半導体デバイスなどの分野の基礎知識が必要とされる．はじめに，これらの分野の教科書の各例を挙げておく．

1) 量子力学は，J. J. Sakurai : *Modern Quantum Mechanics*, Revised Edition, S. F. Tuan, ed., Addison-Wesley Publishing (1994).
(J. J. サクライ・J. ナポリターノ著，桜井明夫訳：現代の量子力学（上下），第2版，物理学叢書，吉岡書店（2014).）
2) 固体物理学は，C. Kittel : *Introduction to Solid State Physics* 8th Edition, John Wiley & Sons (2005).
(C. キッテル著，宇野良清訳：キッテル固体物理学入門（上下），丸善（2005).）
3) 量子力学から固体物理学にかけて示されている書として，岡崎誠：物質の量子力学，岩波基礎物理シリーズ，岩波書店（1994).
4) 半導体デバイスは，Y. Taur and T. H. Ning : *Fundamentals of Modern VLSI Devices*, Second Edition, Cambridge University Press (2009).
(Y. タウア・T. H. ニン著，芝原健太郎・宮本恭幸・内田建監訳：タウア・ニン最新VLSIの基礎，第2版，丸善出版（2013).）
5) Julius Edgar Lilienfeld : https://www.google.com/patents/US1745175
6) http://www.computerhistory.org/semiconductor/timeline/1947-invention.html
7) D. Kahng and M. M. Atalla : Silicon dioxide field surface devices, presented at Device Research Conf. IEEE, Pittsburgh (1960).
8) W. M. Regitz and J. A. Carp : Three-transistor-cell 1024-bit 500-ns MOSRAM, *J. Solid-State Circuits*, Vol. SC-5, pp. 181-186 (1970).
9) G. E. Moore : Cramming more components onto integrated circuits, *Electronics*, Vol. 38, No. 8, April 19, (1965).
10) R. H. Dennard, F. H. Gaensslen, H. N. Yu, V. L. Rideout, E. Bassous, and A. R. LeBlanc : Design of ion-implanted MOSFETs with very small physical dimensions, *IEEE J. Solid-State Circuits*, Vol. SC-9, pp. 256-268 (1974).
11) http://www.itrs2.net
12) S.-Y. Wu, C. Y. Lin, M. C. Chiang, J. J. Liaw, J. Y. Cheng, S. H. Yang, S. Z. Chang, M.

Liang, T. Miyashita, C. H. Tsai, C. H. Chang, V. S. Chang, Y. K. Wu, J. H. Chen, H. F. Chen, S. Y. Chang, K. H. Pan, R. F. Tsui, C. H. Yao, K. C. Ting, Y. Yamamoto, H. T. Huang, T. L. Lee, C. H. Lee, W. Chang, H. L. Lee, C. C. Chen, T. Chang, R. Chen, Y. H. Chiu, M. H. Tsai, S. M. Jang, K. S. Chen, Y. Ku：An enhanced 16 nm CMOS technology featuring 2nd generation FinFET transistors and advanced Cu/low-k interconnect for low power and high performance applications, Tech. Digest of International Electron Device Meeting (IEDM) 2014, pp. 3. 1. 1-3. 1. 4 (2014).

13) N. W. アシュクロフト・N. D. マーミン著，松原武生・町田一成訳：固体物理の基礎（上・II），物理学叢書，吉岡書店（1981）.

14) L. D. ランダウ・E. M. リフシッツ著，広重徹・水戸巌訳：力学，増訂第3版，ランダウ-リフシッツ理論物理学教程，東京図書（1986）.

15) C. Canali, G. Ottaviani, and A. A. Quaranta：Drift velocity of electrons and holes and associated anisotropic effects in silicon, *J. Phys. Chem. Solids*, Vol. 32, pp. 1707-1720 (1971).

16) S. Datta：*Electronic Transport in Mesoscopic Systems*, Cambridge University Press, (1995).

17) 久保亮五編：大学演習　熱学・統計力学，裳華房，p. 333（1998）.

18) J. P. McKelvey, R. L. Longini, and T. P. Brody：Alternative approach to the solution of added carrier transport problems in semiconductors, *Phys. Rev.*, Vol. 123, pp. 51-57 (1961).

19) W. Shockley：Diffusion and drift of minority carriers in semiconductors for comparable capture and scattering mean free paths, *Phys. Rev.*, Vol. 125, pp. 1570-1576 (1962).

20) J. H. Rhew and M. S. Lundstrom：Drift-diffusion equation for ballistic transport in nanoscale metal-oxide-semiconductor fields effect transistors, *J. Appl. Phys.*, Vol. 92, pp. 5196-5202 (2002).

21) K. Natori：New solution to high-field transport in semiconductors：I. Elastic scattering without energy relaxation, *Jpn. J. Appl. Phys.*, Vol. 48, pp. 034503 (2009).

22) K. Natori：New solution to high-field transport in semiconductors：II. Velocity saturation and ballistic transmission, *Jpn. J. Appl. Phys.*, Vol. 48, pp. 034504 (2009).

23) F. Stern：Self-consistent results for n-type Si inversion layers, *Phys. Rev. B*, Vol. 5, pp. 4891-4899 (1972).

24) T. Ando, A. B. Fowler, and F. Stern：Electronic properties of two-dimensional systems, *Rev. Mod. Phys.*, Vol. 54, pp. 437-672 (1982).

25) Y. Taur, C. H. Hsu, B. Wu, R. Kiehl, B. Davari, and G. Shahidi：Saturation transconductance of deep-submicron-channel MOSFETs, *Solid-State Electron.*, Vol. 36, pp. 1085-1087 (1993).

26) K. Natori：Ballistic metal-oxide-semiconductor field effect transistor, *J. Appl. Phys.*, Vol. 76(8), pp. 4879-4890 (1994).

27) K. Natori：Scaling limit of the MOS transistor -A ballistic MOSFET-, *IEICE Trans.*

Electron., Vol. E84-C, pp. 1029-1036 (2001).

28) S. Datta, F. Assad, and M. S. Lundstrom : The Si MOSFET from a transmission viewpoint, *Superlatt. Microstruct.*, Vol. 23, pp. 771-780 (1998).

29) M. Lundstrom and J. Guo : *Nanoscale Transistors Device physics, Modelling and Simulation*, p. 83, Springer (2006).

30) J. S. Blakemore : Approximations for Fermi-Dirac integrals, especially the function $F_{1/2}(\eta)$ used to describe electron density in a semiconductor, *Solid-State Electronics*, Vol. 25, pp. 1067-1076 (1982).

31) X. Aymerich-Humet, F. Serra-Mestres, and J. Millan : A generalized approximation of the Fermi-Dirac integrals, *J. Appl. Phys.*, Vol. 54, pp. 2850-2851 (1983).

32) K. Natori, T. Shimizu, and T. Ikenobe : Multi-subband effects on performance limit of nanoscale MOSFETs, *Jpn. J. Appl. Phys.*, Vol. 42, pp. 2063-2066 (2003).

33) G. A. Sai-Halasz, M. R. Wordeman, D. P. Kern, S. Rishton, and E. Ganin : High transconductance and velocity overshoot in NMOS devices at the 0. 1-μm gate-length level, *IEEE Electron Device Lett.*, Vol. 9, pp. 464-466 (1988).

34) G. A. Sai-Halasz, M. R. Wordeman, D. P. Kern, E. Ganin, S. Rishton, D. S. Zicherman, H. Schmid, M. R. Polcari, H. Y. Ng, P. J. Restle, T. H. P. Chang, and R. H. Dennard : Design and experimental technology for 0. 1-μm gate-length low-temperature operation FET's, *IEEE Electron Device Lett.*, Vol. EDL-8, pp. 463-466 (1987).

35) K. Natori : Ballistic MOSFET reproduces current-voltage characteristics of an experimental device, *IEEE Electron Device Lett.*, Vol. 23, No. 11, pp. 655-657 (2002).

36) E. Gnani, S. Reggiani, A. Gnudi, P. Parruccini, R. Colle, M. Rudan, and G. Baccarani : Band-structure effects in ultrascaled silicon nanowires, *IEEE Trans. Electron Devices*, Vol. 54, pp. 2243-2254 (2007).

37) K. Natori : Compact modeling of ballistic nanowire MOSFETs, *IEEE Trans. Electron Devices*, Vol. 55, pp. 2877-2885 (2008).

38) M. Lundstrom : Elementary scattering theory of the Si MOSFET, *IEEE Electron Device Lett.*, Vol. 18, No. 7, pp. 361-363 (1997).

39) S. Jin, T. W. Tang, and M. V. Fischetti : Anatomy of carrier backscattering in silicon nanowire transistors, 13th International Workshop on Computational Electronics 2009 (IWCE '09), pp. 1-4 (2009).

40) M. V. Fischetti, S. Jin, and T.-W. Tang, P. Asbeck, Y. Taur, S. E. Laux, M. Rodwell, and N. Sano : Scaling MOSFETs to 10 nm : Coulomb effects, source starvation and virtual source model, *J. Compt. Electron.*, Vol. 8, pp. 60-77 (2009).

41) P. J. Price : Monte Carlo calculation of electron transport in solids, *Semicond. Semimetals*, Vol. 14, pp. 249-334 (1979).

42) R. Kim and M. S. Lundstrom : Physics of carrier backscattering in one- and two-dimensional nanotransistors, *IEEE Trans. Electron Devices*, Vol. 56, pp. 132-139 (2009).

43) M. S. Shur : Low ballistic mobility in submicron HEMTs, *IEEE Electron Device Lett.*,

Vol. 23, No. 9, pp. 511-513 (2002).

44) G. Ghibaudo : New method for the extraction of MOSFET parameters, *Electron. Lett.*, Vol. 24, pp. 543-545 (1988).

45) F. Andrieu, T. Ernst, F. Lime, F. Rochette, K. Romanjek, S. Barraud, C. Ravit, F. Boeuf, M. Jurczak, M. Casse, O. Weber, L. Brevard, G. Reimbold, G. Ghibaudo, and S. Deleonibus : Experimental and comparative investigation of low and high field transport in substrate- and process-induced strained nanoscaled MOSFETs, *Digest of Technical papers 2005 Symposium on VLSI Technology*, pp. 176-177 (2005).

46) K. Huet, J. Saint-Martin, Bournel, S. Galdin-Retailleau, P. Dollfus, G. Ghibaudo, and M. Mouis : Monte Carlo study of apparent mobility reduction in nano-MOSFETs, Proceedings of the 37th European Solid-State Device Research conference, pp. 382-385 (2007).

47) G. Ghibaudo, M. Mouis, L. Pham-Nguyen, K. Bennamane, I. Papas, A. Cros, G. Bidal, D. Fleury, A. Claverie, G. Benassayag, P. F. Fazzini, C. Fenouillet-Beranger, S. Monfray, F. Boeuf, S. Cristoloveanu, T. Skotnicki, and N. Collaert : Electrical transport characterization of nano CMOS devices with ultra-thin silicon film, Ext. Abs. the 9th International Workshop on Junction Technology 2009, pp. 58-63 (2009).

48) K. Natori, H. Iwai, and K. Kakushima : Anomalous degradation of low-field mobility in short-channel metal-oxide-semiconductor field-effect transistor, *J. Appl. Phys.*, Vol. 118, pp. 234502 (2015).

49) D. Antoniadis : On apparent electron mobility in Si nMOSFETs from diffusive to ballistic regime, *IEEE Trans. Electron Devices.*, Vol. 63, pp. 2650-2656 (2016).

50) G. Bidal, D. Fleury, G. Ghibaudo, F. Boeuf, and T. Skotnicki : Guidelines for MOSFET device optimization accounting for l-dependent mobility degradation, Workshop Abstracts 2009 Silicon Nanoelectronics Workshop, pp. 5-6 (2009).

51) K. Natori : The capacitance of microstructures, *J. Appl. Phys.*, Vol. 78, pp. 4543-4551 (1995).

52) S. Luryi : Quantum capacitance devices, *Appl. Phys. Lett.*, Vol. 52, pp. 501-503 (1988).

53) S. Takagi and A. Toriumi : Quantitative understanding of inversion-layer capacitance in Si MOSFET's, *IEEE Trans. Electron Devices.*, Vol. 42, pp. 2125-2130 (1995).

54) C. A. Mead : Anomalous capacitance of thin dielectric structures, *Phys. Rev. Lett.*, Vol. 6, pp. 545-546 (1961).

55) C. T. Black and J. J. Welser : Electric-field penetration into metals : consequences for high-dielectric-constant capacitors, *IEEE Trans. Electron Devices.*, Vol. 46, pp. 776-780 (1999).

56) S.-H. Lo, D. A. Buchanan, Y. Taur, and W. Wang : Quantum-mechanical modeling of electron tunneling current from the inversion layer of ultra-thin-oxide nMOSFETs, *IEEE Electron Device Lett.*, Vol. 18, pp. 209-211 (1997).

57) R. W. Keyes and R. Landauer : Minimum energy dissipation in logic, *IBM J. Res. Dev.*, Vol. 14, pp. 152-157 (1970).

58) L. Brillouin : *Science and Information Theory*, 2nd ed., p. 195, Academic (1962).

59) C. H. Bennett : Logical reversibility of computation, *IBM J. Res. Dev.*, Vol. 17, pp. 525–532 (1973).

60) K. Natori and N. Sano : Scaling limit of digital circuits due to thermal noise, *J. Appl. Phys.*, Vol. 83, pp. 5019–5024 (1998).

61) H. Nyquist : Thermal activation of electric charge in conductors, *Phys. Rev.*, Vol. 32, pp. 110–113 (1928).

索　　引

欧　文

CMOS　161
cpu　4

diffusive　27

EOT　159

FET（電界効果トランジスタ）　3
FinFET　128, 156
FinFET 構造　108

Gate all around MOSFET　156
gradual channel approximation　71

ideal reservoir　21
IEEE International Electron Device Meeting (IEDM)　6
International Technology Roadmap of Semiconductors (ITRS)　6

kT 層　120
kT 層理論　120, 131

LSI　2, 5
Lundstrom, M.　117
Lundstrom の式　123, 131

Metal Oxide Semiconductor Field effect transistor (MOSFET)　1
metal oxide semiconductor 接合　60

MOSFET　1
　3 次元的な立体構造を持つ ──　108
　準バリスティック ──　116, 123, 126
　ダブル・ゲート ──　108, 156
　ナノワイヤ ──　110, 128, 156
　バリスティック（な）──　83, 93, 95
　微細 ──　107
　プラナー ──　84, 123
　── のスケーリング則　5, 78
　── の低電界移動度　137
MOS キャパシタンス　92
MOS 接合　60, 62, 66, 70
　── の閾値電圧　66
MOS トランジスタ　1, 60, 66, 70
　── の閾値電圧　73
　── の比例縮小則　80
MOS 反転層の量子化　69

pn 接合　24
　絶縁性の ──　70
p 型シリコン　62

top of the barrier model　25

Virtual source　117

ア　行

アインシュタインの関係式　16, 35
アクセプタ不純物　63

閾値電圧　69
　── の低下　155

MOS接合の—— 66
MOSトランジスタの—— 73
1次元サブバンド 21, 24, 123
——の構造 110
移動度 16, 35, 56, 58
見かけの—— 139, 140
移動度（の）劣化 141
見かけの—— 142
インバータ 161

エネルギー緩和 18, 48, 52, 56, 57, 134
エネルギー・ギャップ 62
エネルギー散逸 160
エネルギー準位 21
エネルギー消費 160
エネルギーの散逸 29
エネルギー・バンド図 60
エントロピーの増加 160

オームの法則 17, 48
音響型フォノン 51
音響フォノン散乱 132

カ 行

回路の誤動作確率 162
回路のスイッチ時間 159
ガウスの定理 64
可逆論理ゲート 160
拡散型のキャリヤ輸送 27
拡散定数 14, 35, 138
拡散電流 14
価電子帯 62
緩和時間 16
緩和時間近似 12, 30

寄生容量 158
チャネル周りの—— 112
基板電圧 70
キャパシター構造 2
キャパシタンス 66, 145
空乏層の—— 148
状態密度の—— 92, 149
電界の遮蔽距離の—— 147
反転層の厚さの—— 69, 147, 152
キャリヤ 8
——の流れの一方向性 28
キャリヤ移動度 15
キャリヤ散乱 11, 26, 105, 107, 131
キャリヤ速度の飽和現象 56
キャリヤ電荷 66
キャリヤ輸送 8, 56
拡散型の—— 27
局所的なフェルミ・レベル 14
金属・酸化物・半導体電界効果トランジスタ 1

空間電荷制限極限 87
空乏層 63
——のキャパシタンス 148
空乏層電荷 64, 147
群速度 22

ゲート 1
——の有効キャパシタンス 148
ゲート電圧 1, 60, 70
ゲート電極 60
ゲート電極電荷 147
ケミカル・ポテンシャル 159

光学フォノン 132
光学フォノン散乱 50, 51, 55, 56, 132, 134
光学フォノン（の）放出 18, 52
高機能 5
高集積化 5
高信頼性化 5
高性能限界（デバイスの） 105
高速化 5
後方散乱 51, 142, 143
後方散乱確率 55, 133
後方散乱係数 118-122, 124, 131
高誘電体膜 158
国際半導体技術ロードマップ 6
誤動作確率（回路の） 162
コンダクタンス 23
——の量子化 23
コンパクト・モデル 119, 123, 127, 128, 131

サ 行

最低サブバンド 94

雑音電圧　162
サーフェス・ステート　3, 60
サブバンド　125
散乱時間　53

次元解析　5, 78
自己緩和過程　12
仕事関数　62
遮蔽距離（トーマス・フェルミの）　153
重心位置（反転層電荷の）　69
集積回路　5
集積回路技術　3
自由電子（平面波）　20
自由電子モデル　154
縮退　68
シュレーディンガー方程式　20, 66
準バリスティック MOSFET　116, 123, 126
準バリスティック輸送　27
準平衡状態　21
状態密度
　2 次元の――　149, 150
　3 次元（の）――　13, 154
状態密度（の）キャパシタンス　92, 149
　反転層の――　147
情報処理
　デジタル信号の――　160
　――の信頼性　160, 161
シリコン・ナノワイヤ　114
信号のスイッチ時間　159
真性フェルミ・レベル　62

スイッチ機能　155
スイッチ時間（回路の）　159
スイッチ素子　70
スイッチング（電流の）　3
スケーリング則（MOSFET の）　5, 78

正準方程式　9
静電遮蔽　147
静電遮蔽距離　147
正の速度　21
絶縁性の pn 接合　70
接触抵抗　142
速度ブランチ　21
　正――　89
　頁――　89
速度飽和　17, 58, 75, 78
束縛状態　21
素子特性　156
素子の微細化　80
ソース　1, 70

タ　行

ダイナミック・メモリ　4
多サブバンド　100
多重散乱　120, 133
ダブル・ゲート MOSFET　108, 156
単一サブバンド　101
　――の近似式　102
　――の公式　95
単一サブバンド近似　130
単一サブバンド・モデル　127
弾性散乱　10, 28, 30, 38, 51, 55, 132
短チャネル　78
短チャネル効果　108, 155

チャネル移動度　97
チャネル移動度律速　97
チャネル抵抗　141
チャネルの透過確率　133
チャネル幅　70
チャネル周りの寄生容量　112
チャネル領域　2
注入速度　98, 100
注入速度律速　98

抵抗素子　162
低電界移動度（MOSFET の）　137
デジタル回路　159
デジタル信号回路　1
デジタル信号の情報処理　160
デバイスの高性能限界　105
電界依存性（電流密度の）　47
電界効果トランジスタ（FET）　3
電荷密度分布　62, 64
電子　8
電子親和力　62

伝導帯　62, 68
伝導チャネル　23
電流駆動力　70
電流電圧特性　95
　──の算出方法　110
電流特性　56
電流のスイッチング　3
電流飽和領域　73
電流密度　56, 58
　──の電界依存性　47

透過確率　22, 30, 36, 37, 43, 83, 87, 117, 131
　チャネルの──　133
透過係数　42, 45, 46, 54, 55, 118
トーマス・フェルミの遮蔽距離　153
ドリフト・拡散電流　35
ドリフト・拡散電流モデル　16
ドリフト電流　15
ドレイン　1, 70
　──への電流　56
ドレイン電圧　70
ドレイン電流　72, 76, 83, 93, 95, 102, 103
　──の単一サブバンドの公式　95
トンネル効果　157
トンネル・リーク　158

ナ　行

ナイキストの雑音公式　162
ナノスケール素子　8, 82
ナノワイヤ MOSFET　110, 128, 156

二酸化シリコンの薄膜　60

熱雑音　162
熱擾乱　160
熱平衡状態　12

ノード・エネルギー　162

ハ　行

バイポーラ・トランジスタ　3
薄膜（二酸化シリコンの）　60
波動関数　20
波動ベクトル　8
ハミルトニアン　20
バリスティック　23, 26, 43, 45
バリスティック（な）MOSFET　83, 93, 95
バリスティック移動度　136, 138
バリスティック電流度　105, 122
バリスティック特性　105
バリスティック（な）輸送　19, 27, 83
バレー　68
反射（量子力学的な）　87
反転層　64, 69, 70, 145
　──の厚さ　152
　──の厚さのキャパシタンス　69, 147, 152
　──のゲート・キャパシタンス　69
　──の状態密度キャパシタンス　147
反転層電荷　66, 147, 151
　──の重心位置　69
半導体デバイス　8
半導体に関する国際会議　6
バンドの傾き　62
バンドの曲がり　146

光リソグラフィ　155
微細 MOSFET　107
微細化（素子の）　80
微細化限界　155
非弾性散乱　10, 28, 30, 50, 132
非弾性散乱時間　159
非飽和領域　95
表面ポテンシャル　62
比例縮小の法則　155
　MOS トランジスタの──　80
ピンチオフ　73

フェルミ・エネルギー　22
フェルミ分布関数　22
フェルミ・レベル（局所的な）　14
フェルミ・ディラック積分　89
不純物散乱　132
負の速度　21
フラックス（流束）　22, 54
フラックス方程式　33, 38, 41, 51, 52, 139
フラックス理論　31
フラットバンド電圧　62
プラナー MOSFET　84, 123

プレーナー技術　3
分極電荷　63
分布関数　9

平均自由行程　19, 27, 82, 108, 121
平均速度　16
平面波　20

ポアソン（の）方程式　62, 63, 66, 153
飽和現象（キャリヤ速度の）　56
飽和速度　17, 58
飽和電流　74, 75, 102, 104, 122
飽和電流密度　105
飽和領域　95
ホット・キャリヤ　38
ボディ効果定数　74
ポテンシャル・エネルギー　20
ポテンシャル・バリヤ　24
ボトルネック　24
ホール　8
ボルツマンの輸送方程式　8, 11
ボルツマン分布　14
ボルツマン方程式　30, 39, 52
ホワイト・ノイズ　162

マ　行

マティーセン則　139

見かけの移動度　139, 140
見かけの移動度劣化　142

ムーアの法則　4

モンテカルロ解析　120
モンテカルロ・シミュレーション　142
モンテカルロ手法　30

ヤ　行

有効キャパシタンス　158
　ゲートの──　148
有効ゲート容量　112
有効酸化膜厚　150
有効質量　68
有効電界　151

ラ　行

ラグランジュ微分　10
ランダウアーの公式　23

リウヴィルの定理　10
リーク電流　155, 157
理想電極　21, 24, 133
流束　22
量子化
　MOS 反転層の──　69
　コンダクタンスの──　23
量子キャパシタンス　102
量子容量　112
量子力学的な反射　87
臨界電界　18

連続の方程式　9, 33

論理ゲート　160

著者略歴

名取研二（なとり けんじ）

1945年　山梨県に生まれる
1974年　東京大学大学院物理学研究科博士課程修了
1990年　（株）東芝ULSI研究所研究部長
1994年　筑波大学物理工学系教授
2009年　東京工業大学特任教授を経て，
現　在　筑波大学名誉教授
　　　　応用物理学会フェロー
　　　　理学博士

朝倉電気電子工学大系 4
ナノスケール・トランジスタの物理　　定価はカバーに表示

2018年3月25日　初版第1刷

著　者　名　取　研　二
発行者　朝　倉　誠　造
発行所　株式会社　朝　倉　書　店
東京都新宿区新小川町 6-29
郵便番号　162-8707
電　話　03(3260)0141
FAX　03(3260)0180
http://www.asakura.co.jp

〈検印省略〉

印刷・製本　東国文化

ISBN 978-4-254-22644-7　C 3354　　Printed in Korea